短视频
制作与运营研究

穆坚勇◎著

延边大学出版社

图书在版编目（CIP）数据

短视频制作与运营研究 / 穆坚勇著 . -- 延吉：
延边大学出版社 , 2022.9
ISBN 978-7-230-03869-0

Ⅰ . ①短… Ⅱ . ①穆… Ⅲ . ①视频制作②网络营销
Ⅳ . ① TN948.4 ② F713.365.2

中国版本图书馆 CIP 数据核字（2022）第 172802 号

短视频制作与运营研究

著　　者：穆坚勇
责任编辑：金石梅
封面设计：星辰创意
出版发行：延边大学出版社
社　　址：吉林省延吉市公园路 977 号　　　邮　编：133002
网　　址：http://www. ydcbs. com　　　E-mail：ydcbs@ydcbs.com
电　　话：0433-2732435　　　传　真：0433-2732434
印　　刷：英格拉姆印刷（固安）有限公司
开　　本：787 毫米 × 1092 毫米　1/16
印　　张：9.25
字　　数：200 千字
版　　次：2022 年 9 月第 1 版
印　　次：2023 年 1 月第 1 次印刷
书　　号：ISBN 978-7-230-03869-0

定　　价：52.00 元

前 言 ▶ ‖ □

　　短视频是当下非常流行的一种互联网内容传播方式，随着 5G 时代的到来，短视频已经成为宣传观点、推广品牌、销售产品的必备工具。不管是给别人打工还是自己创业，短视频的制作及运营都是一个重要的方向和机会。如果要问当今最便利的信息接收方式是什么，人们十有八九会说是短视频。比如，介绍一道菜的做法，纯文字的说明方式令人理解起来有些吃力，静态的示意图则省略了某些中间环节，而短视频则可以提供完整、连续、动态、直观的演示，并且可以将文字、图片和声音融为一体。

　　短视频的制作门槛较低，不需要特别专业的技能，只需要借助社交工具上的小按钮，就可以创作出简单、有个性的短视频。每天都有人用手机录制短视频，上传到网上供大家娱乐。但大多数人还处于自娱自乐的阶段，即使是想做短视频营销的商家，也大多只懂得基本的短视频知识，仅仅知道如何把短视频做出来，却不知道为什么有的短视频广受欢迎、有的却无人问津，更不知道怎样才能把短视频变现，实现其商业价值。而且，短视频的发展速度太快，以至于很多人感觉介绍短视频的图书刚一出版就跟不上时代的发展了；短视频的制作和运营工作太细，以至于很多高校教师总感觉自己使用的教材实用价值不高。企业对短视频人才的需求越来越大，高校也迫切需要一套比较系统的、实战技能很强的关于短视频的专业学习丛书。

　　因此，本书根据短视频学习者、运营者的需要，对短视频的特点、类型、受众与发展历程进行了简要概述，在此基础上，对短视频的拍摄与策划、制作、输出、发布、运营等进行了比较深入的研究。研究的具体内容包括：短视频的定位、账号、内容、团队的策划，短视频制作过程中的拍摄技巧、剪辑，短视

1

频的发布技巧，短视频的数据分析指标、平台运营、用户运营、数据运营等，并且介绍了短视频的领域分布和价值影响。本书体系完善、实操性强，既对新媒体营销专业的师生学习短视频相关知识有一定帮助，还可以作为对短视频感兴趣的普通读者的参考读物。

目 录 ▷ ‖ □

第一章　短视频概述

第一节　短视频的概念与发展

"新浪微博"上线的"微博故事"让用户可以用 15 秒的时间分享一个短视频故事，并具备贴图、文字、滤镜等功能，但不支持下载、转发和分享到站外。内容发布 24 小时后会被自动设为私密，仅用户本人可以保存自己的"微博故事"，这是新浪微博深入社交的战略之一。诞生于 2011 年的用来制作、分享 GIF 图片的"CIF 快手"，在 2013 年转型为短视频社区，并更名为"快手"。在直播行业巨头参与的"云 + 视界"大会上，快手 CEO 宿华表示，以"57 秒、竖屏"作为短视频的定义，通过人工智能系统对每天打开快手的用户的每一个行为进行判断归纳，因此，将"57 秒、竖屏"定为短视频行业的标准。然而，"今日头条"却认为，57 秒的短视频应该被称为"小视频"，它给短视频制定的新标准是 4 分钟，这一标准是根据"金秒奖"中获得百万以上播放量的作品的平均时长而制定的。

金秒奖是今日头条准备在短视频领域打造的"奥斯卡"奖，它的第一季度比赛几乎吸引了国内一线短视频 PGC（Professional Generated Content，指专业生产内容，即由专业个人或团队有针对性地输出的较为权威、制作精良的内容，如电视节目、报纸刊物、媒体资讯等）参赛，包括"一条""二更""视知""神奇的老皮"等众多短视频内容生产者。

短视频的爆发主要集中在 2016 年，成为各视频平台谋求产业增值的突破点。在行业发展的初期，谁掌握了定义短视频的标准，就意味着谁在这个行业拥有了一个关键的机会。因此，2016 年，短视频行业出现了新的内容形式、组织形态和商业模式，而内容平台、创投资本、内容创业者及商业客户都参与了短视频的这场变革。如今，经过五六年的时间，短视频的发展速度越来越快，网络也迎来了 5G 时代，各视频平台更加注重自身所持有信息的质量，并且，为了获取更多有价值的信息，业内相关人士正在不断探索新的信息源头以及信息的获取方法。

我们可以从宏观和微观两个角度来解读短视频：

一、从宏观的角度看短视频

宏观上，短视频是互联网行业里的一种内容传播载体，是一种时长一般在 5 分钟以内，发布于各种新媒体平台，供用户在休闲时间或移动状态下观看的视频短片。由于时长较短，所以短视频既可以独立成片，也可以系列成组。随着"网红经济"的繁荣，一批优质的 UGC（User Generated Content，指用户原创内容，简单说就是不具备视频制作专业技术的普通用户所拍摄上传的内容）制作者逐渐崛起。随着微博、秒拍、快手、今日头条纷纷进入短视频行业，它们募集了一批优秀的内容制作团队入驻。短视频行业竞争进入白热化阶段，内容制作者也向着 PGC 化专业方向运作。PGC 主要是传统广电行业的从业者按照几乎与制作电视节目无异的方式制作的，在传播方式上则依靠互联网。

二、从微观的角度看短视频

微观上，可以将短视频理解为一种交流语言，像说话一样。最初的语言是用来传递信息和交流沟通的。后来，文字诞生了，文字成为人与人之间最重要、最普遍的交际工具。随着文化的日益普及、科技的日新月异，图画、音乐等沟通心灵的方式也随之诞生了。发展至今，出现了作为技术手段的视听语言——

视频。最早的视频技术是由专业人员通过科班教学掌握的，那时的视频也只能在电视台等官方传播渠道上播放。随着信息化时代的到来，这种视频技术越来越平民化，大众依靠简单的工具（如手机）就可以完成拍摄、剪辑、制作、一键上传、一键分享等工作。视频逐渐成为人们分享生活、交流沟通的工具，于是，更简单、更易于传播的短视频成为人与人之间交流不可或缺的语言工具。

在微电影的发展阶段，其实已经产生了短视频形态的作品，只是没有形成产业模式，所以不能算作"短视频行业"。如果从行业形态和产业模式来界定，短视频应该始于 2011 年，不过这一时期的短视频并不成气候，也没有拥有足够影响力的作品。直到 2013 年，移动互联网的声势渐大，用户观看习惯初步形成，才正式拉开了短视频时代的帷幕。2013 年 7 月，"一下科技"获得新浪领投、红点和晨兴资本跟投的 2500 万美元 B 轮融资，次月正式推出现象级产品"秒拍"，并借助新浪微博的独家支持及明星入驻，迅速将用户量推至千万级，短视频迎来了第一次大爆发。同一时段，腾讯推出"微视"——主打 PGC 内容生产的视频应用，并整合腾讯旗下的 QQ、微博、微信等产品链，实现了短视频的多渠道分发。一场短视频领域的博弈悄然而至。

由于众多短视频应用的空间挤占，短视频市场竞争激烈，加之微信 6 秒"小视频"的出现，因此在 2015 年，腾讯"微视"彻底退出市场。经过一段时间的交锋与对峙后，短视频行业于 2016 年迎来了理性发展时期，出现了爆发式增长。

如今的短视频行业之所以能够形成一个新的行业形态并成为内容创业的新风口，其原因有三：网络条件的完备、视频采集生产软硬件的普及以及内容创意爆发的大环境。首先，移动互联网基础设施趋于完善和成熟。前些年，大多数用户使用的是搭载 3G 网络和以物理键盘为主的手机，而如今主流的全屏化手机终端搭配的是 5G 网络，网络资费进一步降低，为短视频形成一个新的行业提供了条件。其次，以前视频制作的门槛高、过程烦琐，不仅要求有专业的拍摄设备和专业的编辑软件，在上传到网络平台之后，还需要平台去认可和推荐；而现在，随着移动终端的普及和人们编辑软件能力的提高，以及社区化媒体、社交媒体的出现，视频内容生产的门槛大大降低。用户可以随时用手机拍摄并编辑视频，然后发到各个社交平台上。短视频制作的链路越来越短，也就意味着有更多的人可以进入这个行业。最后，人们消费短视频的需求越来强烈，无论是社交时代带来的碎片化消费需求，还是消费需求的升级，都促使用户愿意看到越来越多高品质的东西。

第二节　短视频的特点与类型

一、短视频的特点

短视频不同于微电影和直播，顾名思义，短视频以"短小"见长。短视频有以下六个特点：

（一）时长短

"读秒时代"是短视频出现时诞生的概念，可见短视频都是按秒计算的。"麻雀虽小，五脏俱全"，优质的短视频可以做到有效浓缩内容，避免因为流量限制而影响传播。

（二）制作简单

短视频制作门槛低，无需传统的专业拍摄设备，依托智能终端就能实现。即拍即传的特点，使短视频得以快速流行。当然，也有一些团队追求精致的短视频制作，会在创意方面多花些心思，但究其本身，内容才是最重要的。

（三）便于社交

从传播渠道上看，短视频主要通过各大社交平台传播，如用户在抖音上分享内容，然后在评论区互动，在沟通互动的过程中，把自己认为好的东西分享给他人；抖音还推出了"抖音，记录美好生活"的品牌广告。

（四）主旨明确

短视频虽然时长短，但是它的内容并没有因此而被"粗制"，所谓"浓缩的是精华"，这在短视频领域也同样适用。

（五）快餐式传播

随着 5G 网络的普及，利用休闲时间浏览媒体软件逐渐成为现代人不可或缺的一种生活方式。有效利用碎片化时间，是人们筛选信息的标准之一，如很少人会用 15 分钟的休息时间去看一集电视剧，但有人会选择看一些短视频。在这个信息传播越来越快的时代，人们更喜欢在有限的时间内获得最多的信息。短视频的"直奔主题、传播迅速、信息直观"正好符合快餐式信息传播的特点。

（六）具备营销效应

备受瞩目的明星光环，是很多人都想要得到的，于是有一些人会在社交网络平台上分享自己的短视频，以此获得关注。这种效应还延伸到了自媒体的推广与营销上，并且成为一种很重要的宣传手段。

二、短视频的类型

短视频有不同的定义标准，一方面是由于短视频产业变化迅速，另一方面是由于短视频类型的多样性和涵盖范围的广泛性。目前，短视频有两种常见的分类标准：以平台页面上的版块划分和以内容被认可的类型划分。

（一）以平台页面上的版块划分

1. 搞笑类

原创短视频中有大量的搞笑内容。有平台将数据进行匹配后得出，35 万个有"10 万 +"播放量的短视频中有三成是搞笑类短视频。

2. 游戏类

游戏类短视频有着明确的商业化路径和精准直达的受众群体。国内的电竞市场逐渐进入成熟期，硬件设备与研发技术也随之逐渐升级，游戏类短视频市场持续发展。

3. 生活服务类

生活服务类短视频涵盖健身、旅游、美食、品茶等内容，围绕着生活中的各个方面展开。随着人们消费水平的提高，生活类短视频的创作成为短视频领域的投资热门。

4. 萌宠类

这类短视频以娱乐分享为主，来自一些"铲屎官"，虽然大部分是没有任何变现企图的传播，但也在市场上占有一席之地。

（二）以内容被认可的类型划分

1. 温情纪录片类

"一条""二更"是国内出现得较早的短视频制作团队，其内容多数以纪录片的形式呈现，制作精良，开启了对短视频变现的探索，成为以内容被认可的一类短视频。二更被业界所了解的作品主要是一些温情类纪录片，如《她和72个陌生人的奇妙情缘》。

2. 网红 IP 延伸类

网红形象在互联网上具有较高的认知度，拥有庞大的粉丝基数，用户黏度背后潜藏着巨大的商业价值，除了短视频自身产生的价值之外，这些 IP 还会在表情包、直播等其他领域发力。

3. 幽默短剧类

这类短视频无固定演员、无固定角色，具有鲜明的网络特点，多以搞笑为主，在互联网上传播得十分广泛。

短视频的"短平快"传播，为普通人搭建了交流的秀场。正因为参与人员范围的广泛及其文化水平的多层次分布，才使得影响和定位短视频分类的标准有很多。

随着 VR 技术的成熟和直播产业的发展，短视频的类型会更加丰富，相应的行业标准也会陆续出台，这些标准将使未来短视频的专业划分更加清晰。

第三节　短视频的受众

2021 年中国移动短视频发展报告显示，2020 年，短视频月活用户规模达到 8.72 亿，同比增长 4900 万，增速为 6%，虽然相比前几年增速有所放缓，但是，短视频的渗透率（75.2%）仍然保持增长，甚至超过了在线视频，位列泛娱乐行业的首位。截至 2020 年 12 月，短视频用户月均使用时长达到 42.6 小时，月均增速强劲，达到近 40%。

短视频平台用户主要以"80 后""90 后"用户群体为主，且女性用户偏多。根据中国互联网络信息中心（CNNIC）发布的第 49 次《中国互联网络发展状况统计报告》可知，截至 2021 年 12 月，我国短视频用户规模为 9.34 亿，使用率达到 90.5%。

另中国广视索福瑞媒介研究（CSM）发布的《2021 年短视频用户价值研究报告》显示，10 岁及以上网民观看短视频的比例为 90.4%，其中 50 岁及以上的用户占比超 1/4。50 岁及以上的用户中，制作 / 发布短视频的用户比例达 30%。从具体使用时长来看，日均观看短视频超过 60 分钟的用户占比达 56.5%，人均每天使用时长升至 87 分钟，预期观看短视频时长增加的用户占比升至 57.9%。同时，短视频成为用户碎片化时间的"黏合剂"，晚上睡觉前观看短视频的用户占比上升最快，2021 年升至 61.3%；20.7% 的短视频用户选择在"看电视的同时看短视频"。

从用户的地域分布来看，短视频综合平台用户多数为一、二线城市的用户，大城市的年轻人的娱乐活动更丰富，但近几年也有向三、四线城市逐渐渗透的趋势。中国短视频学会发布的《2021 中国短视频发展白皮书》显示，入选中国短视频城市榜单前十名的城市分别是：北京、上海、深圳、西安、广州、杭州、成都、长沙、南京和重庆。

一、主张自我的新青年

这一类人群年龄介于 15 ～ 21 岁之间，以单身者居多。这类用户喜欢使用短视频获取社会热点、新闻时事等资讯类信息。但他们喜欢的资讯表现方式更诙谐、幽默，因此，比起传统的社会热点和新闻时事，他们更喜欢吐槽、脱口秀点评或者有趣的长图文形式。

二、热爱娱乐者

这一类人群多为"90后"和"00后"，他们注重自我生活品质的提高。他们最喜欢娱乐类短视频，尤其是搞笑、吐槽类短视频，这点与新青年群体一样，都是受时代风气的影响。"90后"希望通过娱乐的方式来获得轻松的体验，他们乐于展现自我，也敢于自嘲。"00后"对游戏、电子产品、时尚穿搭类视频的偏好度较高。

三、追新、求知者

他们多为"90后""95后"，其中几乎一半的用户喜欢"知乎"，这部分人里面又有将近一半的人愿意为知识、学术内容付费。他们认为，分享知识可以为自己带来幸福感，因此，除"求知"之外，他们也乐于"解惑"。

四、高知者

他们多为"80后""85后"，热爱阅读，最爱读的是文学作品；其次是杂志，如《国家地理》。

五、新中产家庭人群

这一类人群以"70后"为主，包括部分"80后"，他们在家庭体系中扮演着承上启下的角色，往往经济基础良好，每月花销在各年龄阶层中最高，他们向往事业上的成功。

二更平台通过调查提出，未来用户对短视频内容的需求将转向情感和创意两方面。在用户感兴趣的短视频类型中，"情感"因素占比较高的为：走心感动、戳中笑点、励志正能量；"创意"因素占比较高的为：生活巧心思、小技能、流失的文化和技艺、脑洞大开。在观看习惯方面，短视频贯穿了用户24小时的碎片时间，用户会全天多次观看短视频。从活跃程度来看，用户观看短视频有三个活跃高峰时段，分别为午休时、下班后和睡前。相关研究显示，短视频用户日均关联使用时长为4小时以上的占比为34%。

从用户观看行为、内容偏好、观看频率、平台反馈等多维度分析，二更的商业视频研究院认为，短视频用户的内容消费轨迹为：多渠道选择内容来源—追求内容的精品化—自主传播—优质内容二次升级变现。

第四节　短视频的发展历程

在2004年到2011年长达八年的时间里，随着优酷、搜狐、爱奇艺等视频网站的相继成立，以及用户流量的持续增加，我们逐渐进入视频时代。

2011年以后，伴随着移动互联网终端的普及、网络的提速，以及流量资费的降低，更加贴合用户碎片化消费需求的短视频，凭借着"短平快"的传播优势，迅速获得了各大平台、粉丝以及资本等多方的支持与青睐。

自2013年新浪微博推出秒拍起，短视频在我国互联网的土壤上开始快速生长。如今，在智能移动终端应用商店的"摄影与录像"类的排行榜中，抖音、快手、微视等短视频App争奇斗艳，短视频领域已成为互联网巨头竞争的新战场。总体来说，短视频经历了萌芽期、探索期、成长期、成熟期和突破期五个发展阶段。

一、萌芽期

短视频的源头有两个：一是视频网站；二是短的影视节目，如短片、微电影。后者出现的时间比前者更早。2004年，中国首家专业的视频网站——乐视网的成立，拉开了我国视频网站发展的序幕。

视频网站在国内刚兴起时，主要以用户上传分享短视频为主。但是，在PC互联网时代，视频网站内容仍然以传统电视的内容为主，短视频还只是作为补充，一直到移动互联网兴起之后，短视频的发展才拉开序幕。

二、探索期

移动互联网时代，信息传播的碎片化和内容制作的低门槛使短视频得以发展。2014年前后，随着智能手机的普及，短视频的拍摄和制作更加便捷，智能手机也成为拍摄短视频的"利器"，人人都可以随时随地制作短视频。与此同时，无线网络技术已逐渐变得成熟，手机上传使得短视频分享成为一种流行文化，美拍、秒拍、微视迅速崛起。快手也迎来了用户数量大规模增长的好时期，它采用推荐算法，使推送的短视频内容与用户的偏好高度匹配，大大增强了用户黏度，而且这种"短平快"的消费内容更容易满足用户的需求，由此让更多的年轻用户沉迷其中。

短视频的特点不只是时长缩短，更重要的是，它的生产模式由专业生产内容（PGC）转向用户原创内容（UGC），这无疑让短视频的产量剧增，各类短视频平台也如雨后春笋般纷纷涌现。

三、成长期

2016年是短视频行业迎来井喷式爆发的一年，其间，各大公司合力完成了超过30笔的资金运作，短视频市场的融资金额更是高达50多亿元。随着资本的涌入，各类短视频App数量激增，用户的媒介使用习惯也逐渐形成，平台和用户对优质内容的需求增大。

2016 年 9 月，抖音上线。抖音最初是一个面向年轻人的音乐短视频社区，用户可以通过这款软件选择歌曲，拍摄音乐短视频，形成自己的作品。到 2017 年，抖音进入迅速发展期，并在首页中添加了"附近"界面，用户可以通过"附近"功能来寻找本地相关的短视频和用户，此举增加了社交的贴近性，也进一步增加了抖音视频的曝光量。

随着更多短视频内容创作者的涌入，众多独具特色的移动应用也逐渐出现，短视频市场开始向精细化、垂直化方向发展，如主打生活方式的"刻画视频"、主打财经领域的"功夫财经"、主打新闻资讯的"梨视频"等。在短视频成长期，内容价值成为支撑短视频行业持续发展的主要动力。

四、成熟期

2018 年，快手、抖音、美拍相继推出了商业平台。短视频产业链条逐渐发展起来，随着平台方和内容方将内容不断丰富、细分，在用户数量大增的同时，商业化也成为短视频平台追逐的目标。现如今，以抖音、快手为代表的短视频平台月活用户的环比增长率出现了一定的下降。随着用户规模即将饱和、用户红利逐步减弱，如何在商业变现模式、内容审核、垂直领域、分发渠道等领域更为成熟，自然就成为短视频行业发展的新目标。

五、突破期

随着 5G 技术的发展和 AR、VR、无人机拍摄、全景技术等短视频拍摄技术的日益成熟及广泛应用，短视频给用户带来越来越好的视觉体验，有力地促进了短视频行业的发展。

在短视频市场激烈的竞争下，人们在努力寻找市场发展的蓝海区域，"短视频 +"的模式备受瞩目。例如，短视频平台与电商平台积极响应国家扶贫政策，开拓出通过"短视频 + 直播"和"短视频 + 电商"售卖农副产品的渠道，其传播途径更短、效率更高，能够带给消费者更加直观、生动的购物体验，这种渠道产品转化率高，营销效果好，将成为短视频发展的全新赛道。

　　除此之外，将短视频"变长"、长视频"变短"也逐渐成为各视频平台不断探索的新方向，我们所熟悉的抖音、快手等短视频平台也逐步进军长视频领域。2019 年 4 月，抖音全面开放了用户发布 1 分钟视频的权限；同年 8 月，抖音又宣布逐步开放发布 15 分钟视频的权限。另外，快手也于 2019 年 7 月内测长视频功能，时长被限制在 57 秒以上、10 分钟以内，获得此权限的用户可以选择"相册"中时长超过 57 秒的短视频进行发布。2022 年 7 月，爱奇艺和抖音宣布达成合作，将围绕长视频内容的二次创作与推广等方面展开探索。依据合作规定，爱奇艺将向抖音授权其内容资产中拥有信息网络传播权及转授权的长视频内容，用于短视频创作。双方对解说、混剪、拆条等短视频二创形态做了具体约定，将共同推动长视频内容知识产权的规范使用。

　　与抖音、快手等短视频平台不同的优酷、爱奇艺、腾讯视频等长视频平台，虽然在短视频领域的表现并不突出，但是也在尝试开拓新的短视频模式——短视频剧集，如优酷设立的"小剧场"版块、爱奇艺设立的"小视频"版块等。这种新的短视频模式保证了视频的长短平衡，视频虽然简短，但是内容完整。由此可见，短视频和长视频呈现出了融合发展的趋势。

第二章　短视频的策划与拍摄

第一节　短视频的策划

为了能够更深层次地诠释内容，将短视频作品的主题表达得更清楚，实现资源的优化配置，在拍摄短视频时，需要进行周密的策划。短视频的策划主要包括短视频脚本策划、按照大纲安排素材以及镜头流动。

一、短视频脚本策划

脚本相当于短视频的主线，用于表现故事脉络的整体方向。要想制作出别具一格的短视频作品，脚本的策划与撰写不容忽视。例如，在拍摄一款男鞋的短视频时，如果考虑公域流量的抓取，就要将短视频的时长控制在 9 ～ 30 秒，然后明确短视频的目标受众群体、拍摄地点和拍摄对象，每个场景突显一个卖点即可。要挑选出买家特别关心的卖点，如鞋子的透气性、耐磨性和防滑性等；还要明确每个工作人员各自负责的工作，如准备服装、音乐等。

下面介绍脚本的三种类型（拍摄提纲、文学脚本和分镜头脚本），以及脚本的构成要素：

（一）拍摄提纲

拍摄提纲是为短视频拍摄搭建的基本框架，即在拍摄短视频之前，将需要拍摄的内容罗列出来。选择拍摄提纲这类脚本，大多是因为拍摄内容存在不确定的因素。拍摄提纲比较适合拍摄记录类和故事类短视频。

（二）文学脚本

文学脚本在拍摄提纲的基础上增加了一些细节内容，使脚本更加丰富、完善。它将拍摄中的可控因素罗列出来，而将不可控因素放到现场拍摄中随机应变，所以在视觉和效率上都有所提升，适合拍摄一些不存在剧情、直接展现画面和表演的短视频。

（三）分镜头脚本

分镜头脚本最细致，会将短视频中的每个画面都体现出来，对镜头的要求会逐一写出来，创作起来最耗费时间和精力，也最为复杂。

分镜头脚本对短视频画面的要求很高，更适合微电影这类的短视频。由于这种类型的短视频故事性强，对更新周期没有严格的限制，因此创作者有大量的时间和精力去策划。使用分镜头脚本既能满足严格的拍摄要求，又能提高拍摄画面的质量。

分镜头脚本的创作必须充分体现短视频故事所要表达的真实意图，还要简单易懂，因为它是一个在拍摄和后期制作过程中起着指导性作用的总纲领。此外，分镜头脚本还必须清楚地展现对话和音效，这样才能令后期制作完美地表达出原脚本的真实意图。

（四）脚本的构成要素

脚本主要包括八个构成要素：框架搭建、主题定位、人物设置、场景设置、故事线索、影调运用、音乐运用和镜头运用。

二、按照大纲安排素材

短视频大纲属于短视频策划中的工作文案。在写大纲时要注意两点：一是大纲要呈现出主题、情节、人物和结构等短视频要素，二是大纲要清晰地展现出短视频所要传达的信息。

主题是短视频大纲中必须包含的基本要素。所谓主题，就是短视频要表达的中心思想，即你想向观众传递什么信息。每个短视频都要有主题，而素材是支撑主题的支柱，只有具备了支柱，主题才能被撑起来，才能使短视频更有说服力。

故事情节包括故事和情节两部分。故事要通过叙事的六要素进行描述，包括时间、地点、人物、起因、经过、结果，而情节用来描述短视频中人物所经历的波折。故事情节是短视频拍摄的主要部分，素材收集也要为这个部分服务，如需要的道具、人物造型、背景、风格、音乐等，都需要视情节来定。

短视频大纲还包括对短视频题材的阐述，不同题材的作品有着不同的创作方法和表现形式。对于科技数码类短视频来说，数码类产品本身具有复杂性，更新速度较快，虽然能够给我们源源不断地带来各种素材，也能使观众持续关注，但在拍摄这类短视频时，一定要注意素材的时效性，这就需要我们获得第一手的素材，快速进行处理与制作，然后进行广泛传播。

三、镜头流动

观众在观看短视频时所感受到的时间和节奏变化，都是因为镜头流动而产生的。短视频以镜头为最基本的语言单位，而流动性是镜头的主要特性之一，镜头流动除了表现在拍摄物体的运动上外，还表现在摄像机的运动上。

第二节　短视频的拍摄

本节将介绍拍摄短视频时需要掌握的一些方法和技巧，如借助辅助设备，选择拍摄对象，运用镜头语言，使用定场镜头、空镜头、分镜头、镜头移动、延时摄影和慢动作拍摄等。

一、拍摄技巧

对于短视频来说，拍摄是第一关。现在市面上常见的智能手机的配置已经能够达到入门级短视频拍摄的基本要求。为了使拍摄的视频画面更加稳定，在拍摄时可以借助手持稳定器或三脚架等辅助设备。在录制声音时，为了达到理想的声音效果，还需要使用话筒。

（一）运用镜头语言

短视频拍摄者需要掌握的镜头语言主要包括景别、摄像机的运动以及画面处理方法。

1. 景别

根据景距与视角的不同，景别一般分为 10 个类型。

① 极远景：极端遥远的镜头景观，人物小如蚂蚁。

② 远景：深远的镜头景观，人物在画面中只占很小的位置。广义的远景根据景距的不同，又可分为大远景、远景和小远景（也称半远景）三个层次。

③ 大全景：包含整个拍摄主体及周遭大环境的画面，通常被用作视频作品的环境介绍。

④ 全景：摄取人物全身或较小场景全貌的视频画面，相当于话剧、歌舞剧场"舞台框"内的景观。在全景中，可以看清人物的动作和其所处的环境。

⑤ 小全景：比全景小得多，但又保持着相对完整的规格。例如，演员的镜头显示为"顶天立地"。

⑥ 中景：俗称"七分像"，指拍摄人物小腿以上部分的镜头，或者用来拍摄与此相当的场景的镜头，是表演性场面的常用景别。

⑦ 中近景：俗称"半身像"，指从人物腰部到头部的景致。

⑧ 近景：指摄取人物胸部以上的视频画面，有时也用于表现景物的某一局部。

⑨ 特写：指摄像机在很近的距离内摄取的画面。通常以人体肩部以上的头像为取景参照，突出强调人体的某个局部，或者相应的物体细节、景物细节等。

⑩ 大特写：又称"细部特写"，指突出头像的局部，或者人体、物体的某一细节部分，如眉毛、眼睛、按钮等。

2. 摄像机的运动

摄像机的运动一般包括 18 个类型。

① 推：推拍、推镜头，指被摄体不动，由拍摄机器做向前的拍摄运动，取景范围由大变小，分为快推、慢推和猛推，与变焦距推拍存在本质的区别。

② 拉：被摄体不动，由拍摄机器做向后的拍摄运动，取景范围由小变大，也可分为慢拉、快拉和猛拉。

③ 摇：指摄影机、摄像机的位置不动，机身依托于三脚架上的底盘做上下、左右、旋转等运动，使观众如同站在原地环顾、打量周围的人或事物。

④ 移：又称移动拍摄。从广义上说，运动拍摄的各种方式都为移动拍摄，但在通常的意义上，移动拍摄专指把摄影机、摄像机安放在运载工具上，沿水平面在移动中拍摄对象。移拍与摇拍结合，可以形成摇移的拍摄方式。

⑤ 跟：指跟踪拍摄。跟移是其中一种，还有跟摇、跟推、跟拉、跟升和跟降等，即将跟摄与拉、摇、移、升、降等 20 多种拍摄方法结合在一起，同时进行。总之，跟拍的手法灵活多样，它能使观众的眼睛始终盯在被跟摄的人体或物体上。

⑥ 升：上升摄影、摄像。

⑦ 降：下降摄影、摄像。

⑧ 俯：俯拍，常用于宏观地展现环境、场合的整体面貌。

⑨ 仰：仰拍，常用来体现高大、庄严的意味。

⑩甩：甩镜头，指镜头从一个被摄体甩向另一个被摄体，表现急剧的变化，作为场景变换的手段时，要不露剪辑的痕迹。

⑪悬：悬空拍摄，有时还包括空中拍摄，具有广阔的表现力。

⑫空：又称空镜头、景物镜头，指没有剧中角色（不管是人还是动物）参与的纯景物镜头。

⑬切：转换镜头的统称。任何一个镜头的剪接都是一次"切"。

⑭综：指综合拍摄，又称综合镜头。它是将推、拉、摇、移、跟、升、降、俯、仰、旋、甩、悬、空等拍摄方法中的几种结合在一个镜头中进行拍摄。

⑮短：指短镜头。在电影中一般指 30 秒（每秒 24 格）、约合胶片 15 米以下的镜头。

⑯长：指长镜头。影视都可以界定为 30 秒以上的连续画面。

⑰变焦拍摄：摄影机、摄像机不动，通过镜头焦距的变化使远方的人或物清晰可见，或者使近景从清晰到虚化。

⑱主观拍摄：又称主观镜头，即表现剧中人的主观视线、视觉的镜头，常有进行可视化的心理描写的作用。

3. 短视频的画面处理方法

短视频的画面处理方法主要包括 15 种。

①淡入：又称渐显，指下一段视频的第一个镜头光度由零度逐渐增至正常的强度，犹如舞台的"幕启"。

②淡出：又称渐隐，指上一段视频的最后一个镜头光度由正常的光度逐渐变暗到零度，犹如舞台的"幕落"。

③化：又称"溶"，指前一个画面刚刚消失，第二个画面又涌现，两者在溶的状态下完成画面内容的更替。其用途为：用于时间转换；表现梦幻、想象、回忆；表现景物的变幻莫测，令人目不暇接；自然承接转场，叙述顺畅。化的过程通常有 3 秒钟左右。

④叠：又称"叠印"，指前后画面各自并不消失，都有一部分留存在视频中，就是通过分割画面来表现人物的联系，推动情节的发展。

⑤划：又称"划入划出"，它不同于化、叠，而是以线条或几何图形，如圆形、菱形、三角形、多角形等形状或"卷帘"等方式，改变画面内容的一种技巧。例如，用圆形"圈入圈出"画面，用"卷帘"的方式使镜头内容发生动

态变化。

⑥入画：指角色进入拍摄机器的取景画幅中，可以经由上、下、左、右、左上、右上等多个方向进入拍摄画面。

⑦出画：指角色原在镜头中，由上、下、左、右某一方向离开拍摄画面。

⑧定格：指将视频的某一格、某一帧通过技术手段增加若干格、帧相同的画面，以达到使影像处于静止状态的目的。例如，电影、电视画面的各段都是以定格开始，由静变动，最后以定格结束，由动变静。

⑨倒正画面：以屏幕的横向中心线为轴心，经过180°翻转，使原来的画面由倒到正，或由正到倒。

⑩翻转画面：以屏幕的竖向中心线为轴线，使画面经过180°翻转后消失，引出下一个镜头。一般用来表现新与旧、穷与富、喜与悲、今与昔的强烈对比。

⑪起幅：指摄像机开拍后的第一个画面。

⑫落幅：指摄像机停机前的最后一个画面。

⑬闪回：一种表现人物内心活动的手法，即突然以很短暂的画面插入某一场景，用于表现人物此时此刻的心理活动和感情起伏，手法极其简洁、明快。闪回的内容一般为过去出现的场景或者已经发生的事情；用于表现人物对未来或者即将发生的事情的想象和预感称为"前闪"，它们又被统称为闪念。

⑭蒙太奇：指将一系列在不同地点、从不同距离和角度、以不同方法拍摄的镜头排列组合起来，大致可以分为叙事蒙太奇和表现蒙太奇，前者主要以展现事件为宗旨，一般的平行剪接、交叉剪接都属于叙事蒙太奇；表现蒙太奇则是为加强艺术表现与情绪感染力，通过"不相关"镜头的相连或内容上的相互对照使场景产生原本不具有的新内涵。

⑮剪辑：短视频拍摄完成后，依照剧情发展和结构的要求，将各个镜头的画面和声音经过选择、整理和修剪，然后按照蒙太奇原理和富有艺术效果的顺序组接起来，成为一个内容完整、具有艺术感染力的作品。

4. 拍摄方位与角度

在拍摄短视频时，一般要先选择拍摄方位，确定拍摄方位后再选择拍摄角度（即水平角度和垂直角度）。将拍摄方位、拍摄角度与视距变化带来的景别变化结合起来，这三者的不同组合将会产生不同的拍摄视角，形成一系列不同的画面形象。

（1）拍摄方位

拍摄方位指手机镜头与被摄主体在水平面上一周 360° 的相对位置，通常分为正面、背面和侧面。拍摄方位发生变化，画面中的形象特征和意境也会随之发生明显的改变。

第一，正面拍摄。指镜头在被摄主体的正前方进行拍摄。正面拍摄有利于表现景物的横线条，可以营造庄重、稳定、严肃的气氛。其缺点是缺乏立体感和空间透视感，若应用不当，容易形成无主次之分、呆板、无生气的画面效果。

正面拍摄人物时，可以看到人物完整的面部特征和表情动作，用平角角度和近景景别拍摄，有利于画面人物与观众"面对面地交流"，使观众产生参与感和亲切感。

第二，正侧面拍摄。指镜头在与被摄主体正面方向成 90° 角的位置上进行拍摄，即常说的正左方和正右方。正侧面拍摄有利于表现运动对象的方向性，线条富于变化，多用于对话、交流、会谈、接见场合，有平等的含义。其缺点是不利于立体、空间感的表现。

第三，斜侧面拍摄。指镜头在被摄主体正面、背面和正侧面以外的任意一个水平方向进行拍摄，也就是常说的右前方、左前方、右后方、左后方等方位。斜侧方向在画面中还可以起到突出两者之一、分出主次关系、把主体放在突出位置上的作用。

第四，背面拍摄。指镜头在被摄主体的背后（正后方）进行拍摄，画面的视线与被摄主体的视线一致，给观众以纪实感和强烈的主观参与感。从背面拍摄人物时，人物的姿态及动作成为主要的形象，观众不能直接看到所拍人物的面部表情，有一定的悬念，处理得当的话能够激发观众的想象，引起观众的好奇心和兴趣。

（2）拍摄角度

拍摄角度指拍摄位置的高低变化，分为平摄、仰摄和俯摄，以及将其结合的主体视角。

① 平摄：平摄最符合人们观察景物的习惯，可以让人们在心理上产生亲切感与认同感。大部分短视频拍摄以平摄为主，平摄是使用最多的拍摄角度。但全部采用平摄可能会使观众感到平淡乏味，偶尔变换一下拍摄角度可以让视频

增色不少。

②仰摄：是从下往上拍，适合表现高大垂直的景物或者人物的高大形象，偶尔运用仰摄可以渲染气氛，但运用过多、过滥会适得其反。

③俯摄：是从高处往下拍，有利于展现空间、规模和层次，使远处的景物与近处的景物在同一平面上展示，更有利于介绍环境、地点、规模和数量。采用高机位、大俯视的角度拍摄可以增加画面的立体感，有时可以使画面主体具有戏剧化效果。

④主体视角：是从拍摄主体眼睛的高度去拍摄。例如，一个站着的大人拍摄孩子，就应把镜头放在头部的高度对准孩子俯摄，这是大人眼中看到的孩子。同样，孩子仰视大人就要降低镜头的高度来仰摄。

（二）延时摄影

延时摄影又称缩时摄影，是一种将时间压缩的拍摄技术，其拍摄原理是连续拍摄一组照片，后期通过串联将几分钟、几小时，甚至几天、几个月、几年的照片压缩在一段较短的时间内，以视频的方式播放。

延时摄影的魅力在于物体或者景物缓慢变化的过程被压缩到一段较短的时间内，呈现出平时用肉眼无法察觉的奇异、精彩的景象，常用来表现时间的流逝或事物的变化，如日出日落、花开花落、风起云涌等。

事先确定好拍摄对象的变化时间，可以减少很多无用功，也可以节省拍摄时间。例如，想要拍摄日出日落，可以把自动拍摄每张图片的间隔时间设置为3～5秒；拍摄花开花谢，可以设置5分钟一张，甚至更长的时间。

手机相机中自带的"延时摄影"功能不是很完善，不能进行更多的延迟设置。对于延时摄影爱好者来说，可以通过在手机中安装相应的App来设置延时。"Lapse It Pro"就是一款功能丰富的延时摄影App，里面可以调整和控制的项目很多，还预设了很多场景模式，如快速移动的云、地面上的人群等。这一软件对于不知道如何设定延时参数的新手来说极为便利，新手可以直接套用这些场景模式。

（三）慢动作拍摄

慢动作拍摄也称高速摄影，可以显示肉眼看不到的瞬间动作，如子弹飞出时的运动状态，足球射门时的动作过程，水滴落进水池里产生的优美涟漪，等等。慢动作拍摄还能创造出一种运动的美的形式，或者某种寓意象征，让人感觉浪漫、唯美。

现在很多手机都自带慢动作功能，能直接拍摄拥有更多帧数、可以表现更多细节的慢动作视频。下面以某品牌手机为例，介绍如何制作慢动作视频，具体操作方法如下：

第一步，打开手机相机，选择"慢动作"模式，点击红色的拍摄按钮，拍摄一段视频；

第二步，在手机相册中找到拍摄的视频，点击"编辑"按钮，编辑该视频；

第三步，拖动编辑界面左下方的小竖条，调整慢动作的开始时间；

第四步，拖动编辑界面右下方的小竖条，调整慢动作的结束时间，调整完成后，点击"完成"按钮，即可完成视频的剪辑。

（四）旋转法拍大片

在拍摄短视频时，通过镜头运动拍出的画面，有时能够传达出更多含义，表现出视频中本来没有的情感。旋转法就是让镜头做旋转或环绕运动拍摄视频。

1. 镜头环绕拍摄

环绕拍摄是将被摄主体置于画面中央，被摄主体景别基本不变，摄像机环绕主体做圆周运动拍摄。通常，使用这种手法拍出的旋转画面更能突出主体的重要性，使画面空间更具空间张力。

镜头环绕拍摄的关键是要保证摄像机与被拍摄主体等距，运动轨迹要平滑。一部分摄影师会选择用轨道车来拍摄，但是时常会受到场地的限制。用手机拍摄短视频，可手持稳定器进行拍摄。

2. 镜头旋转拍摄

旋转拍摄是指转动幅度超过 360° 的拍摄镜头，用来表达眩晕的主观感受，或者表现全片欢快的基调，是旅拍镜头中常用的拍摄手法。

旋转镜头的主要作用：一是展示主体周围的环境，而非主体本身，展现空间，扩大视野；二是增强镜头的主观性；三是通过依次展现不同主体，暗示其相互之间的特殊关系；四是用于制造悬疑感或期待感。

拍摄时，将摄像机固定在云台上，摄像机不动，通过旋转云台拍摄出镜头旋转的画面；当然也可以保持云台不动，让摄像机机身旋转来完成拍摄。手机拍摄者可使用手持稳定器来辅助拍摄，也可手持手机坐在旋转椅上，或者把手机固定在平衡台的三脚架上面，通过旋转平衡台进行拍摄。

二、选择拍摄器材和道具

拍摄短视频的第一步就是选择设备，设备的选择也是一门学问，涉及专业度和预算，不同的团队规模和预算对设备有不同的选择。

（一）拍摄设备

1.0元预算

对于初始团队来说，由于前期资金有限，推荐使用手机拍摄。例如，一些高端机型已经具备非常强大的功能，可以满足剪辑、拍摄、发布短视频的要求。

2.微型单反相机

对于预算有限却又有视频画质改进需求的团队来说，8000元起步的微型单反相机是不错的选择。

3.单反相机

当短视频团队发展到稳定阶段，要面向广大的用户，甚至可能需要接拍电商短视频广告时，团队对视频画质和后期的要求越来越高，就需要考虑更专业的单反相机了。

（二）灯光设备

摄影是光影的艺术。灯光造就了影像画面的立体感，是拍摄中最基本的要素。相对于电影中复杂的灯光布置来说，大部分短视频对灯光的拍摄要求不高。这里介绍一种可以满足基本拍摄需求的基础三灯布光法：

1.主灯

主灯作为主光，通常用柔光灯箱，是一个场景中最基本的光源，能够将被拍摄主体最亮的部位或轮廓打亮。主光通常放在被拍摄主体的侧前方，在被拍摄主体与摄像机之间 45°～90°的范围内。

2. 辅灯

辅灯作为补光，亮度比主灯低，通常放在与主灯方向相反的地方，可以对未被主光覆盖的被拍摄主体暗部进行补光提亮。这里要提到一个重要概念——光比，光比可以被理解为光照强度的比例。主灯和辅灯的光比没有严格的要求，常见的比例是 2∶1 或 4∶1。

3. 轮廓光

轮廓光也称发光，本质就是修饰，用于打亮人体的头发和肩膀等轮廓，增强画面的层次感和纵深感。轮廓光的位置大致在被拍摄主体后侧，与主光相对的地方。

除了以上三种主要的灯光外，还有一些灯光可以根据需求搭配：

（1）便携灯。用于拍外景的灯光，体积小，重量轻，方便携带。

（2）反光伞。反光伞通常放置于主灯或辅灯上，用于形成柔和的散射光。

（3）无影罩。将用一半透光的白布制作成的灯罩套于灯头上，就形成了简便直接的散射光转换装置。

（4）尖嘴罩。作用和无影罩相反，装在灯头前，形成聚光的效果。

（三）辅助器材

1. 三脚架

三脚架最大的作用就是保持摄像机的稳定，保证画面的稳定输出。选购三脚架有以下两个要点：（1）稳定性。稳定性是首选因素，通常来说，三脚架越重，稳定性越好。（2）便捷性。可多角度流畅旋转的三脚架能省去手动调整的时间，带轮子的三脚架是首选，可以平滑运镜，避免移动时镜头晃动。

2. 静物台

使用静物台更有利于打光。很多时候，静物台可以用桌子、椅子、凳子、茶几、纸箱等替代。

3. 摇臂

摇臂极大地丰富了短视频的镜头语言，增加了镜头画面的动感和多元化，给观众创造了身临其境的感觉。由于摇臂摄像机特有的长臂优势，使其经常能拍到其他摄像机不能捕捉到的镜头。但摇臂价格较高，对于个人及小团队来说，可以选取一些能够平稳运动的设备，如自行车、小推车、滑板等。

4. 滑轨

在无动态的人或物出镜的时候，画面中的物体就是静止的，为了实现动态的视频效果，需要借助轨道的移动来呈现。

5. 话筒

拍摄短视频时声音的清晰度很重要，因此配置话筒很重要。推荐一款非常经济的话筒——Rode Video micro。它有很多优点，如音质好，有很强的适配性，可以安插在任何一台摄像机上。除此以外，多人录制或者外景录制时，只要准备好吊杆，一个 Rode 就可以搞定。

短视频拍摄者并不需要购买全部拍摄设备和辅助器材，具体由拍摄需要决定。很多粉丝数较多的短视频拍摄者也只是使用非常基础的设备，如 5D3、索尼 a7、三脚架、小蜜蜂、LED 灯等。

第三章　短视频的制作

第一节　短视频后期制作的基础知识

一、短视频的传播特点和内容创新

随着时代的发展，信息传播的形式呈现出多样化趋势，短视频传播已经成为当前应用最广泛的媒体传播形式。从电影到广告，再到网络、新媒体、自媒体平台，这些都深刻地影响着我们的生活。短视频行业的迅速发展对影视制作行业提出了更高的要求，因此，我们更需要掌握短视频后期制作的基础知识。

短视频的传播以快为根本宗旨，因此，我们就要在"快"上做文章。我们应将短视频特效更快地应用于内容生产，使大众掌握更有效的短视频特效制作技术。加入特效制作技术可以让短视频在短时间内得到创新，包括内容上的创新以及制作手法和传播手法上的创新。

二、后期特效制作的功能

自媒体短视频制作分为前期和后期两部分，这里要阐述的是关于视频制作的后期特效制作部分。自媒体短视频后期制作是集声音、画面等多种视听手段于一体的高度综合性创作，是短视频制作中的重要环节，后期制作水平的高低将直接关系到短视频作品质量的好坏。后期制作环节又可以分为特效制作、音效制作、配乐、剪辑和合成输出几个部分。

前期的拍摄阶段一结束，短视频就进入后期制作阶段。在这个阶段，我们要完成以下工作：① 将短视频作品中需要添加数字特效的部分数字化；② 镜头叠加，将计算机特效元素和实景拍摄元素合成一个镜头；③ 对短视频作品中所有的特效镜头进行最终渲染；④ 修饰短视频中的一些特技镜头，去除钢丝、安全带等痕迹；⑤ 处理所有的短视频镜头，特别是校正色差；⑥ 加入最终的配乐和各种音效。

合成输出就是将各种不同的短视频创作元素有机地结合在一起，然后进行相应的艺术加工，从而得到最终的作品。合成的概念很广，无论是在艺术创作中还是在日常生活中，都离不开合成。绘画的过程也可以被称为合成的过程，因为艺术家把自己的思想和颜料组合成了最终的画面；烹饪菜肴的过程也可以被称为合成的过程，因为厨师把各种原材料组合成了美味的菜肴。

通过短视频的后期特效制作，可以营造出实景拍摄过程中无法实现的一些画面效果，如通常在战争片或灾难片中才会出现的一些对人体或环境造成伤害的画面。可以在前期实景拍摄时预留出足够的信息点，在进行后期特效处理时，使用计算机技术来制作相应的爆炸、碰撞等特效镜头，然后将其融入实景拍摄的镜头中，以获得非常震撼的视觉效果。

三、后期特效制作的基本知识

（一）帧的概念

视频画面是由一幅幅静止的画面组成的，组成视频的每一幅静止的画面即为帧。无论电影还是电视，都是利用动画原理使图像运动的。动画技术是一种将一系列差别很小的画面以一定速率放映而产生视觉的技术。根据人类的视觉暂留现象，连续的静态画面可以产生运动的效果，构成动画的最小单位为帧，一帧就是一幅静态画面。逐帧播放指的是通过逐帧播放画面观看视频。

（二）帧速率

帧速率是指视频中每秒包含的帧数。物体在快速运动时，当人的眼睛所看到的影像消失后，人的眼睛仍能继续保留其影像。假设在一个黑暗的房间中晃动一个微亮的手电筒，由于视觉暂留现象，我们看到的并不是一个亮点，而是一道道运动的弧线，正是由于手电筒发出的光在人的眼睛中造成的暂留现象，与手电筒当前发出的光芒融合在一起，便形成了一道道运动的弧线。

由于这种视觉暂留的时间非常短，仅为 1/10 秒，所以，为了得到这种平滑而又连贯的运动画面，我们必须使画面的更新频率达到一定的标准，即每秒钟所播放的画面一定要达到相应的数量，这就是帧速率。

一般情况下，PAL 制式影片的帧速率是 25 帧 / 秒，NTSC 制式影片的帧速率是 30 帧 / 秒，电影的帧速率是 24 帧 / 秒，我们制作的二维动画的帧速率是 12 帧 / 秒。从以上数据我们可以分析出，如果用户或观众想要获得一定的动态视频画面，其所使用的显示设备至少应该达到 10 帧 / 秒的帧速率。

（三）帧宽高比

帧宽高比指图像一帧的宽度和高度之比。宽高比就是像素的宽度和高度之比，它们具体的比例是由所使用的视频标准确定的，如电影、标清电视、高清电视的标准都是不同的。

当我们在非线性编辑工作中需要新建项目时，一定要根据最终作品的要求或者客户的要求对视频画面的帧宽高比进行匹配。如果导入的视频素材使用了与我们最初项目设置中不同的帧宽高比，就必须确定如何协调这两个不同的参数值。

（四）场

1. 场的概念

每一帧包含两个画面，电视机通过隔行扫描技术把每个视频的画面隔行抽掉一半，然后交错合成一个帧的大小，由隔行扫描技术产生的两个画面被称为场。场以水平隔线的方式保留帧的内容，在显示时先显示第一个场的交错间隔内容，然后显示第二个场来填充第一个场留下来的缝隙。每一个 NTSC 制式视频的帧大约显示 1/30 秒，每一个场大约显示 1/60 秒；而 PAL 制式视频的一帧显示时间是 1/25 秒，每一个场的显示时间为 1/50 秒。

视频素材分为交错式和非交错式，当前的大部分广播电视信号是交错式的，而计算机图形软件，包括 After Effects（一款视频剪辑软件）是以非交错式显示视频的。交错视频的每一帧由两个场构成，叫作场 1 和场 2，或者叫作奇场和偶场，在 After Effects 中叫作上场和下场，这些场如果依照顺序显示在显示器上会产生高质量的平滑图像。

2. 场顺序

在显示设备将光信号转换为电信号的扫描过程中，扫描总是从图像的左上角开始水平向前进行，同时，扫描点也将以较慢的速率向下移动，通常分为隔行扫描和逐行扫描两种扫描方式。隔行扫描指显示器在显示一幅图像时先扫描奇数行，扫描完奇数行后再扫描偶数行，因此每幅图像需要扫描两次才能完成。大部分的广播视频采用的是交错扫描场。计算机操作系统是以非交错形式显示视频的，它的每一帧画面由一个垂直扫描场完成。电影胶片类似于非交错视频，每次显示整个帧。

（五）时间码

时间码是摄像机在记录图像信号的时候，对每一幅图像进行记录的唯一的时间编码，是一种应用于流的数字信号。该信号会为视频中的每个帧都分配一个数字，用以表示时、分、秒、帧数。现在所有的数码摄像机都具有时间码功能，模拟摄像机基本没有此功能。

（六）视频画面的运动原理

视频是指通过快速播放，使一系列静止图像"运动"起来的影像记录技术。在电视、电影出现之前，人们便发现燃烧的木炭在被挥动时会由一个点变成一条线，我们称这种现象为视觉暂留。同样的道理，在摄影技术中，如果通过长时间的曝光，就可以拍摄出"光文字"和"光绘画"的效果，也可以通过后期图像处理的相关技术手段达到前期拍摄无法达到的效果。

（七）像素和分辨率

在我们并没有深入学习图像分辨率的时候，大部分人认为，分辨率越高，看得越清楚；分辨率越低，看得越模糊。这样的理解在一般情况下是正确的，但这仅仅是生活中的常识。在编辑视频时，分辨率会有这样的效果吗？我们该怎样理解视频的分辨率呢？

首先，我们要了解像素的概念，像素是构成图像的基本元素，是位图图像的最小单位，也是计算数码影像的一种单位，如同摄影的相片。数码影像也具有连续性的浓淡阶调，将影像放大数倍，就会发现这些连续色调其实是由许多色彩相近的小方点组成的，这些小方点就是构成影像的最小单位——像素。这种最小的图像单元在屏幕上通常显示为单个的"染色体"，越高位的像素，拥有的色板越丰富，越能表达颜色的真实感。

显示分辨率（屏幕分辨率）是屏幕图像的精密度，是指显示器所能显示的像素有多少。由于屏幕上的点、线、面都是由像素组成的，显示器显示的像素越多，画面就越精细，同样大小的屏幕区域内能显示的颜色信息就越多，所以，分辨率是一个非常重要的性能标准。

（八）色彩模式

色彩模式即描述色彩的方式，在后期软件中，常用的色彩模式有 HSB、HSL、RGB、YUV 和灰度模式。

1. HSB 色彩模式

HSB 色彩模式是由人们对颜色的心理感受而形成的。HSB 色彩模式将色彩理解为三个要素：色相、饱和度和亮度。这比较符合人的主观感受，可以让使用者更加直观地感受到颜色。

2. HSL 色彩模式

HSL 色彩模式是工业界的一种颜色标准，通过色相、饱和度、亮度三个颜色通道的变化，以及它们相互之间的叠加得到各式各样的颜色，包括人类视觉所能感知的所有颜色。HSL 色彩模式是目前应用最广的颜色系统，它为图像中每一个像素的分量分配一个 0 ~ 255 范围内的强度值，HSL 图像只使用三种通道就可以使它们按照不同的比例混合，在屏幕上呈现多种颜色。

3. RGB 色彩模式

RGB 是红、绿、蓝三原色组成的色彩模式。色彩都是由三原色组合而来的，三原色中的每一种颜色一般都包含 256 种亮度级别，三个通道合在一起就可以显示出完整的颜色图像。电视机或监视器等视频设备就是利用光的三原色进行色彩显示的。

一般来说，RGB 图像中的每个频道都包含 28 个不同的色调。通常所提到的 RGB 图像包含三个通道，可以通过调整红、绿、蓝三个通道的数值来调整对象的状态。每个通道的取值范围在 0 ~ 255 之间，当三个通道的数值都为 0 时，图像显示为黑色；当三个通道的数值都为 255 时，图像为白色。在一幅图像中可以有将近 1670 万种不同的颜色。

4. YUV 色彩模式

YUV 是欧洲电视系统所采用的一种颜色编码方式，是 PAL 和 SECAM 模拟彩色电视制式使用的色彩空间。在现代彩色电视系统中，三管彩色摄像机或彩色 CCD 摄像机先进行取像，然后把取得的彩色图像信号经过分色分别放大校正后得到 RGB。

5. 灰度模式

灰度模式属于非彩色模式，它包含 256 级不同的亮度级别，只有一个黑色通道。在图像中看到的各种灰色调都是由 256 种不同强度的黑色来表示的，灰度图像中的每一个像素的颜色都采用 8 位二进制数字的方式进行存储。

（九）色彩深度

模拟信号视频转换为数字信号视频后，能否真实地反映原始图像的色彩是十分重要的。在计算机中采用色彩深度这一概念来衡量处理色彩的能力。色彩深度指的是每个像素可显示的色彩数，它和数字化过程中的量化比特数有着密切的关系，因此，色彩深度基本上用多少量化比特数也就是多少位的 bit 来表示，比特数越高，每个像素可显示的色彩数就越多。

（十）图像类型

1. 位图图像

位图图像也称光栅图像。每一幅位图图像都包含着一定数量的像素，并且每一幅位图图像的像素数量是固定的，当位图图像被放大时，有些像素数量不能满足更大图像尺寸的要求，就会产生模糊感。在创建位图图像时，必须指定图像的尺寸和分辨率。数字化的视频文件也是由连续的位图图像组成的。

2. 矢量图像

矢量图像由被称为矢量的数学对象定义的线条和曲线组成，这些路径曲线被放在特定的位置，并且被填充特定的颜色，移动、缩放图片或更改图片的颜色都不会降低图像品质。矢量图像与分辨率无关，将矢量图像缩放到任意大小打印，在输出设备上都不会遗漏细节或损伤清晰度，是生成文字尤其是小号文字的最佳选择。矢量图像还具有文件数据量小的特点。

四、镜头组接的基础知识

在进行影视制作或后期编辑时，将一系列的镜头按照一定的次序进行组接，这种方法被称为镜头组接。镜头之所以能够组接，而且使观众将它们理解为一个非常完整的融合的统一体，是因为这些镜头间的变化和发展有一定的规律，在应用这种规律的时候，我们用到了蒙太奇手法。下面我们了解一下镜头组接的规律和一些技巧。

（一）镜头组接的规律

为了向观众清晰地表达某种思想或者信息，我们在进行镜头组接的时候一定要遵循相应的规律，具体可以归纳为以下几点：

1. 符合观众特定的思维方式

在进行镜头组接时，影片表现出来的规律，一定要符合生活中常用的与思维相对应的逻辑关系。假设我们在视频制作或者后期编辑过程中没有按照相应的规律进行，那么观众一定会因逻辑关系的颠倒而难以接受。

2. 景别的变化要循序渐进

景别的变化一定要遵循循序渐进的规律。在对一个场景进行编辑时，一方面，场景的发展不应该过快，如果场景过于突出，就难与其他的镜头组接；另一方面，如果场景的变化不大，后期所处理的摄影的角度也不大，也不利于与其他镜头组接。前进式句型指的是景物由远景、全景向近景、特写过渡的方法。后退式句型指的是由近到远地表示一种由高昂到低沉或压抑的情绪。在影片编辑中通常表现为从拍摄全景、中景、近景、特写依次转换完成以后，再由特写依次向上述情景进行转换。在思想上，环行句型可以用于表现情绪由低沉到高昂，再由高昂转向低沉的过程。

3. 拍摄方向要遵循轴线规律

所谓轴线规律，通常是指在多个镜头中，摄像机的位置始终处于被拍摄主体运动轴线的同一侧，以此来保证镜头内所有的主体保持一致的运动方向，否则，后期再组接镜头时会出现主体"撞车"的现象。因为此时的两组镜头互为"跳轴"画面，方向相同，所以在后期的视频编辑过程中，基本上很难与其他镜头进行组接。

4. "动接动""静接静"规律

当两个镜头内的主体始终处于运动状态，并且它们的动作非常连贯时，我们可以将动作与动作组接在一起，以便达到一种顺畅过渡、简洁过渡的目的，这种组接方法，我们称之为"动接动"。假设两个以上的镜头的主体运动非常不连贯，或者它们之间的画面有一种停顿的感觉，那么我们必须在上一个镜头内的主体完成动作之后，才能与第二个镜头进行组接，并且第二个镜头必须是从静止的时候开始的，这种组接方法，我们称之为"静接静"。在"静接静"的组接过程中，前一个镜头结尾停留的时间，我们称之为"落幅"，后一个镜头开始时静止的片刻，我们称之为"起幅"，起幅和落幅的时间间隔大概是 1～2 秒。当我们将运动镜头和固定镜头进行组接的时候，同样需要遵循这种规律。镜头运动开始需要有起幅，结束的时候一定要有落幅，否则后期再进行编辑时，会给人一种跳动的视觉感。

（二）镜头组接的节奏

一部影视作品的题材、样式、风格，以及情节的环境、气氛、人物的情绪、情节的跌宕起伏等元素，都是确定影片节奏的依据。要想让观众直观地感受到作品的魅力，不仅需要演员的表演，镜头的转换和运动，以及场景的时空变换等前期制作，还需要通过组接的方式，严格掌握镜头的尺寸、数量、顺序，并在删除多余的部分后才能完成。也就是说，镜头组接是控制影片节奏的最后一个环节。

在实施上述操作的过程中，影片里每一个镜头的组接都要以这部影片的内容为出发点，并以此为前提来调整或控制后期所编辑的整部影片的节奏。如果在一个非常宁静祥和的环境中突然出现了一个节奏非常快的镜头转换，会使观众难以接受；如果在一些节奏非常强烈又非常激动人心的场景中出现了一些节奏舒缓的画面，就会达到一定的视觉冲击效果。

（三）镜头组接的时间长度

在剪辑师编辑镜头的时候，每一个镜头所停留的时间的长短，不仅要考虑视频内容的难易程度和观众所能接受的程度，还要考虑后期所构成的画面，以及后期编辑的画面内容等诸多因素。

画面内的一些其他因素会对所编辑镜头停留时间的长短起到一定的制约作用。比如，当画面既有较亮的部分也有较暗的部分时，更易引起人们的注意，所以在表现较亮的部分时，可以适当地减少后期处理的时间；在表现较暗的部分时，可以适当地延长镜头的停留时间。

五、后期制作的基本流程

1.准备素材

素材一般包含静态序列图片、动态视频、音频资料，以及其他相关软件等。

2. 导入素材

将准备好的素材导入 AE 软件中，使之随时可以被调用。

3. 创建合成组

根据项目的需求创建合适的合成组，将导入的素材置于合成组中，随时准备处理。

4. 编辑素材

在时间线窗口中对素材进行编辑，如变形、位移、旋转、添加特效、调色，以及对文字内容进行跟踪、稳定、添加遮罩等。

5. 预览动画

素材编辑完成以后，可以对视频特效后期处理结果进行预览。

6. 渲染输出

视频特效后期处理完成以后，如果没有问题，就可以对后期特效进行渲染输出。

六、设计项目流程

在准备导入素材之前，设计项目流程可以简化我们的工作，大部分设计是为了根据元素表现效果进行最好的设置，这一步是获得最佳画面所必需的。渲染顺序和嵌套也是设计项目流程的一部分。

在向项目中导入素材之前，可以先决定将哪个媒体用于完成的视频中，然后为设计的合成作品决定最佳的设置和原素材。如果想把项目渲染到录像带中，那么应该根据所需要的画面大小、色彩深度和帧速率来创建素材。同样，如果设置的项目用于网上比较流行的视频流，那么项目的画面大小，还有它的色彩深度以及帧速率都可能会受到一定的限制。任何可以导入的素材项目都可以被用于任何一个合成作品中。

如果要将一个项目渲染成一个或者是很多个媒体格式，一般情况下，需要将合成的解析度设置与输出时所设置的最高解析度进行匹配，然后将设置渲染队列的窗口作为项目的每个格式，渲染一个单独的版本。

对于制作电影和视频来说，应尽量让导入合成设置与输出模式设置进行相应的匹配。例如，为了保证平稳的录音回放，素材对话框中被选中的素材帧速率应该与以下两项设置进行匹配：一是合成设置对话框，二是渲染队列窗口的输出模式。合成帧的大小应该由录音回放媒体的画面大小决定。

若将原素材与不同的像素纵横比例进行混合，可以在解释素材对话框中为每一个素材项目正确指定比率。

确认项目是否适合某种特殊媒体的方法有两个：一是做一个合成测试，二是用同种类型的设备查看。下面提供几条建议，帮助选择合成设置：

（一）电影

若想为电影添加渲染效果，可以考虑为合成选择帧的大小和纵横比，并使用原素材的帧速率，对于素材窗口约有 3∶2 下拉模式的电影实现从电影到视频的转移，在添加效果之前，必须删除 3∶2 的下拉模式。

倘若想制作一部电影，而这部电影原来打算渲染成从 CD 中进行录音回放的效果，还需要指定导入和合成设置。该设置应尽可能地考虑硬件设备的条件，因为这些硬件设备可能是访问者会用到的，尤其是包含旧版本的单速率或双速率的 CD 驱动器，这样就要为素材项目指定特定的设置，尽量减少最终输出数据的传输次数，尽量在合成设置对话框中降低帧速率，不必将动画的节奏设置得太急促，设置每帧 15 秒即可。

当对最终合成进行渲染时，可以选择一个文件类型，使它作为与最终媒体进行匹配的压缩器或解压器。例如，对于一个交叉平台的 CD，可能会指定一个 Quick Time 解码器。无论选择哪一个解码器，必须保证被访问者使用的是可用于回放的系统。

（二）录像带

录像带是磁带的一种，主要被用来录制和播放影音。录像机的录制和播放，采用的是线性式的影像储存方式，它的记录储存格式分为非压缩和压缩两大类。非压缩记录格式的录像机有 D1、D2、D3、D4、D5 等系列，这种记录格式利用原有信号码率直接记录输入信号，保持了信号的原有水平，为无损记录。录像带所采用的存储格式有 VHS 格式、S-VHS 格式、Betamax 格式、VHS-C 格式、DVCPRO 格式、Digital-S 格式、DVCAM 格式、Betacam-SX 格式、Digital-Betacam 格式。随着数字视频码率压缩在广播电视领域的迅速普及，M-JPEC、MPEG-2 压缩标准为各界所广泛接收，使后期编辑处理均在数字环境中进行成为可能，极大地提高了节目制作的质量。

（三）动态 GIF

当渲染动态 GIF 时，颜色被混合为 8 位。在渲染最终的项目之前可以先进行合成渲染测试，以便在出现意外的时候可以调整颜色。如果还包括一个阿尔法通道，在渲染之前，务必确定该素材影响最终项目的方式。

（四）互联网的视频流

视频流类似于传统的电视信号，视频一帧又一帧地被传送给观众，而不必将一个巨大的文件下载到硬盘上。网上的视频流受大多数用户设置的调节器狭窄的带宽限制，因为这些用户设置的调解器的带宽甚至比用于 CD 的录音回放的带宽还要低。要能够直接从 After Effects 输出到 Quick Time 流，需要进一步对文件大小和数据传输率进行缩减。如果最终的输出将作为一个文件从互联网下载，那么最值得关心的问题应该是这个文件的大小，这也将直接影响下载文件所需要的时间。当要对下载的最终输出进行渲染时，经常使用 Quick Time 和 AVI 两种格式。

（五）局域网

局域网是一个室内的或专用的网络。与标准的电话线相比，局域网一般使用更高质量的通信线，所以它的速度通常比互联网快，录音回放的数据传输率可以达到 100 bit 或者更快，这取决于局域网的速度。

（六）Flash 文件

把合成作品作为 Flash 电影进行输出时，应尽可能多地维持向量，然而在 Flash 文件中，许多项目不能被描述成向量。

第二节　短视频的音频制作

一、选择合适的音频

音频的重要性绝不亚于画面，好的音乐、配音及逼真的音效能让整个作品呈现出别具一格的效果。那么，应该如何为短视频作品选择合适的音频呢？下面简单介绍几个重要的原则：

（一）掌握作品的情感基调

根据作品的主题及整体的情感基调，筛选出与作品中的人物、事物、情节等相匹配的音乐。例如，如果作品的主题呈现的是壮丽的风景，那么可以选用大气磅礴的配乐；如果作品的主题呈现的是日常生活中的幸福一刻，那么可以选用轻快的音乐。

（二）注意作品的整体节奏

大部分短视频作品的节奏和情绪都是由音乐带动的，为了使音乐与视频的内容更加契合，我们需要先分析视频画面的节奏，再根据整体的感觉寻找合适的音乐。总体来说，画面与音乐的节奏匹配度越高的作品越容易引起观众的情感共鸣，从而受到观众的喜爱。

（三）不要让音乐喧宾夺主

既然是短视频，那么自然是以画面为主，音乐只起到画龙点睛的作用。因此，为作品选择音乐时，一定不能让音乐喧宾夺主。最好选用纯音乐，如果选用人声演唱的歌曲，则其歌词也应该与画面契合，这样既能烘托意境或情绪，又不会让观众的注意力从画面转移到歌曲上去。

（四）根据场景选择音效

除了音乐之外，音效同样重要，逼真的音效能增强观众的代入感，针对不同的视频场景，需要添加不同的音效。例如，针对展示茶叶冲泡过程的画面，可以添加烧水声和倒水声等音效，给观众以身临其境的感受，提升他们的观看体验。

二、导入音频素材

以 Adobe Premiere Pro（以下简称 Pr）视频编辑软件为例，要想在作品中使用计算机保存的音频素材，需要将它导入项目中，然后从"项目"面板将导入的音频素材拖动到"时间轴"面板中的音频轨道上，之后才能对它做进一步的编辑与设置。

执行"文件—导入"命令，打开"导入"对话框，在对话框中选中要导入的音频素材，单击"打开"按钮，该音频素材就会被添加至"项目"面板。

在"项目"面板中选中要导入的音频素材，将其拖动到"时间轴"面板中的音频轨道上，释放鼠标左键，为作品添加音频素材。

三、设置音频的播放速度和持续时间

与视频轨道中的视频素材一样，我们可以对添加到音频轨道中的音频素材的播放速度和持续时间进行调整。下面讲解具体方法：

右击音频轨道中的音频素材，在弹出的快捷菜单中执行"速度/持续时间"命令。

打开"剪辑速度/持续时间"对话框，这里若要表现舒缓的效果，则在"速度"文本框中输入数值 70，勾选"保持音频音调"复选框，单击"确定"按钮，返回"时间轴"面板，可看到音频素材的持续时间被延长了。

四、分割和删除音频

短视频作品的视频与音频的持续时间应当保持一致，当音频的持续时间过长时，可以对音频进行分割操作。在 Pr 软件中，应用"剃刀工具"就可以轻松地分割音频素材，然后删除无用的音频片段，即可将需要的音频片段应用到作品中。具体步骤如下：

第一步，用"剃刀工具"分割音频素材。应用"选择工具"选中音频轨道中的音频素材，单击"工具"面板中的"剃刀工具"按钮，将鼠标指针移至"时间轴"面板 A1 音频轨道的素材上，当出现一条黑色竖线时，单击，将音频素材分割成两段。如果添加到"时间轴"面板中的剪辑素材同时包含视频和音频，可以应用"剃刀工具"单独分割剪辑素材中的视频或音频。若要分割视频，则按住 Alt 键并在视频轨道中单击；若要分割音频，则按住 Alt 键并在音频轨道中单击。

第二步，删除第一个音频片段。按 Delete 键，删除第一个音频片段。此时，A1 音频轨道上只剩下分割后的第二个音频片段。

第三步,调整剩下的音频片段的位置。单击"工具"面板中的"选择工具"按钮，选中剩下的第二个音频片段，将其拖动到"时间轴"面板中 A1 音频轨道的开始位置。

第四步，再次分割音频片段。单击"工具"面板中的"剃刀工具"按钮，将鼠标指针移至音频与视频结束点对齐的位置，当出现一条黑色竖线时单击，再次将音频分割成两段。

第五步，选中并删除第二个音频片段。单击"工具"面板中的"选择工具"按钮，选中分割后的第二个音频片段，按 Delete 键，删除该片段。此时，A1 音频轨道上只剩下分割后的第一个音频片段。

五、调整音量大小

合适的音量能够给观众带来更愉悦的体验。当需要同时播放多个音频时，如既要播放背景音乐，又要播放旁白,就需要为这些音频分别设定不同的音量。

在 Pr 软件中，可以通过拖动音频素材上的贝塞尔曲线来调整音频音量的大小。具体步骤如下：

第一步，放大显示音频轨道中的素材。在"时间轴"面板中，将鼠标指针移至 A1 音频轨道左侧的空白位置并双击，放大显示 A1 音频轨道上的音频素材，我们可以看到音频素材中间有一条水平橡皮带。

第二步，调节音频整体音量的级别。将鼠标指针移至水平橡皮带上，当鼠标指针变为手形时，按住鼠标左键并向上拖动水平橡皮带。释放鼠标左键，提高音频的整体音量。

第三步，在音量调节的起始位置添加关键帧。如果想要从某一帧开始改变音量，先在"时间轴"面板中将播放指示器拖动到音量调节的起始位置，单击 A1 音频轨道上的"添加 / 移除关键帧"按钮，添加音频的第一个关键帧，在音频素材的贝塞尔曲线上会显示该关键帧。

第四步，在音量调节的终止位置添加关键帧。在"时间轴"面板中继续向右拖动播放指示器到音量调节的终止位置，单击 A1 音频轨道上的"添加 / 移除关键帧"按钮，添加音频的第二个关键帧。

第五步，调整两个关键帧之间的音频音量。单击"工具"面板中的"钢笔工具"按钮，将鼠标指针移到两个关键帧的中间位置，按住鼠标左键并向下拖动，以降低两个关键帧之间的音频音量。如果要删除添加的关键帧，可先用"选择工具"选中要删除的关键帧，然后按 Delete 键。

第六步，继续添加两个音频关键帧。继续向右拖动"时间轴"面板中的播放指示器到合适的位置，单击 A1 音频轨道上的"添加 / 移除关键帧"按钮，为音频添加第三个和第四个关键帧。

第七步，再次调整两个关键帧之间的音频音量。单击"工具"面板中的"钢笔工具"按钮，将鼠标指针移到两个关键帧的中间位置，按住鼠标左键并向下拖动，以降低两个关键帧之间的音频音量。

六、音频的淡入与淡出

因为短视频的时长都比较短，所以很多时候会从一个完整的音频素材中截取一段音频应用到作品中，这样有时就会导致音频听起来像是突然开始或突然停止，令人感觉突兀和生硬。为了避免这种情况，我们可以应用"音频过渡"功能为音频设置淡入和淡出效果。具体步骤如下：

第一步，在音频素材的开头添加"指数淡化"过渡。展开"效果"面板，单击"音频过渡"选项组中的"交叉淡化"按钮，在展开的列表中单击"指数淡化"过渡，将其拖动到"时间轴"面板中音频素材的开头，当鼠标指针变动时，释放鼠标左键，添加第一个"指数淡化"过渡。

第二步，设置第一个"指数淡化"过渡的持续时间。添加"指数淡化"过渡后，会在音频素材的开始位置显示对应的过渡图示。单击"指数淡化"过渡图示，将其在"效果控件"面板中打开，设置持续时间为 00：00：00：30，缩短过渡效果的持续时间，完成音频淡入效果的设置。

第三步，在音频素材的末尾添加"指数淡化"过渡。选中"效果"面板中的"指数淡化"过渡，将其拖动到"时间轴"面板中音频素材的末尾，释放鼠标，再次添加"指数淡化"过渡。

第四步，设置第二个"指数淡化"过渡的持续时间。添加第二个"指数淡化"过渡后，在音频素材的末尾同样会显示过渡图示，双击该过渡图示，打开"设置过渡持续时间"对话框，在对话框中重新输入数值，更改过渡效果的持续时间，最后单击"确定"按钮，完成音频淡出效果的设置。

七、为短视频配音

了解了如何添加计算机中保存的音频素材，接下来了解如何以录制的方式添加音频，也就是为短视频配音。为短视频配音需要借助外部的录音设备，如麦克风等。录制完声音后，还可以对其进行美化和降噪处理，优化表达的效果。

（一）将画外音录制到音频轨道中

为短视频配音的操作方法比较简单，只需将录音设备（如麦克风）连接到计算机上，再在 Pr 软件中单击音频轨道中的"画外音录制"按钮。具体步骤如下：

第一步，选择输入设备为麦克风。执行"编辑—首选项—音频硬件"命令，打开"首选项"对话框，展开"音频硬件"选项卡。单击"默认输入"下拉列表框右侧的下拉按钮，在展开的列表中选择"麦克风"选项，激活音频硬件。

第二步，单击"画外音录制"按钮，开始录制。在要添加画外音的音频轨道前单击"画外音录制"按钮，开始录制声音。录制时，"节目"面板中会显示"正在录制"的提示文字。

第三步，停止录制。录制完成后，再次单击"画外音录制"按钮，停止录制，此时音频轨道中会出现录制的声音素材。

第四步，录制另一个声音素材。使用相同的方法，继续为第二段视频录制一段声音素材。录制完成后，分别选中这两段声音素材，将它们拖动到"时间轴"面板相应的位置上。

（二）美化录制的音频素材

为短视频配音后，可应用"基本声音"面板对配音进行美化，如统一音量级别、修复声音、提高声音的清晰度、为声音添加特殊效果等。在"基本声音"面板中，将音频剪辑分为"对话""音乐""SFX""环境"四大类，用户可根据要编辑的音频的类型进行选择。具体步骤如下：

第一步，选中录制的音频素材。单击"工具"面板中的"选择工具"按钮，选中 A2 音频轨道中的第一段录音。

第二步，统一录音的响度。打开"基本声音"面板，单击面板中的"对话"按钮，在"响度"选项组中单击"自动匹配"按钮，让录音具有统一的初始响度。

第三步，设置录音的透明度，使录音更清晰。单击"透明度"按钮，展开"透明度"选项组，向右拖动"动态"滑块，通过扩展录音的动态范围，将声音从自然效果改为更集中的效果；单击"预设"下拉列表框右侧的下拉按钮，在展开的列表中选择"播客语音"选项，并勾选"增强语音"复选框，增强录音中的说话声。

（三）去除噪声

使用麦克风为短视频配音时，难免会将一些不需要的嗡嗡声、风扇噪声、空调噪声等背景噪声一起录制下来。使用"音频效果"下的"降噪"效果能够降低或完全去除音频中的噪声。具体步骤如下：

第一步，为录音添加"降噪"效果。展开"效果"面板，单击"音频效果"下的"降噪"效果，将其拖动到"时间轴"面板中的第一段录音上，当鼠标指针变为回形时，释放鼠标左键，应用"降噪"效果。

第二步，在"效果控件"面板中设置选项。添加"降噪"效果后，展开"效果控件"面板，单击"各个参数"前的展开按钮，再单击"数量"前的展开按钮，将"数量"滑块向右拖动到最大值100%，从而最大限度地去除噪声。

第三节　短视频的字幕制作

一、创建字幕文本

Pr软件中添加字幕的方式有很多，比较常用的是使用"文字工具"或"垂直文字工具"。应用这两个工具创建字幕时，将在"时间轴"面板中建立一个形状图层，可以利用"基本图形"面板设置该图层中文本的字体、样式、外观等属性。

（一）输入字幕文本

如果需要在短视频作品中添加少量字幕文本，可以使用"文字工具"或"垂直文字工具"。前者用于添加水平方向排列的字幕文本，后者用于添加垂直方向排列的字幕文本。这两个工具的使用方法比较简单，选择工具后在"节目"面板中的视频图像上单击，然后输入所需的字幕文本。下面以"文字工具"为例，讲解具体操作：

第一步，打开剪辑软件，选择"文字工具"。打开需要添加字幕的剪辑素材，单击"工具"面板中的"文字工具"按钮。

第二步，单击并输入文本。将鼠标指针移至"节目"面板中，单击并输入需要添加的字幕文本。

第三步，继续输入文本。将鼠标指针移到已添加的字幕文本下方，单击并输入新的字幕文本。

（二）更改字幕属性

不同字体、大小的字幕能产生不同的视觉效果。我们可以根据作品的制作需求，在 Pr 软件的"基本图形"面板的"文本"选项组中设置字幕文本的字体、大小、字距等属性。具体操作步骤如下：

第一步，使用"选择工具"选中文本。单击"工具"面板中的"选择工具"按钮，选中文本。

第二步，选择字体。打开"基本图形"面板，在"文本"选项组中单击"字体"下拉列表框右侧的下拉按钮，在展开的列表中选择一种合适的字体。

第三步，设置文本大小和字距。向右拖动"字体大小"滑块，设置合适的字体大小；将鼠标指针移到"字距调整"选项上，当鼠标指针改变时，按住鼠标左键不放并向右拖动，设置"字距调整"的值，"节目"面板会显示设置效果。

第四步，设置另一个字幕文本的属性。单击"工具"面板中的"选择工具"按钮，选中相应的文本，在"基本图形"面板的"文本"选项组中设置"字体"和"字体样式"。

第五步，查看设置效果。在"节目"面板中查看设置字幕文本属性的效果。

（三）更改字幕的对齐方式

字幕文本的对齐方式不同，画面呈现出的效果也不同。Pr 软件提供了多种字幕文本的对齐方式，如垂直居中对齐、水平居中对齐、顶对齐等。若要更改文本的对齐方式，只需选中文本，在"对齐并变换"选项组中选择所需的对齐方式。具体操作步骤如下：

第一步，选中字幕。单击"工具"面板中的"选择工具"按钮，按住 Shift 键不放，依次单击并选中"节目"面板中的两个字幕文本。

第二步，水平居中对齐字幕。打开"基本图形"面板，单击"对齐并变换"

选项组中的"水平居中对齐"按钮，在"节目"面板中可看到两个字幕在整个视频画面中均处于水平居中的状态。

（四）调整字幕外观

为了让字幕在画面中更加醒目，可以调整字幕的外观，如更改字幕颜色、为字幕添加描边或阴影效果等。"基本图形"面板中的"外观"选项组提供了"填充""描边""阴影"三个选项，分别用于更改字幕颜色、为字幕设置描边、为字幕添加阴影。具体操作步骤如下：

第一步，选中字幕，单击"填充"颜色框。使用"工具"面板中的"选择工具"选中文本，在"基本图形"面板的"外观"选项组中单击"填充"左侧的颜色框。

第二步，在"拾色器"对话框中设置颜色。打开"拾色器"对话框，在对话框中单击并拖动颜色滑块，设置颜色色相，然后在色彩范围区域单击，设置颜色，最后单击"确定"按钮，在"节目"面板中可看到为字幕文本设置的填充颜色效果。

第三步，启用"阴影"选项。勾选"阴影"左侧的复选框，启用"阴影"选项，单击"阴影"左侧的颜色框。

第四步，在"拾色器"对话框中设置阴影颜色。打开"拾色器"对话框，在对话框中单击并拖动颜色滑块，设置颜色色相，然后在色彩范围区域单击，设置阴影颜色，最后单击"确定"按钮。

第五步，设置阴影属性。设置阴影的"不透明度""距离""大小""模糊"效果，在"节目"面板中查看设置后的字幕效果。

（五）创建滚动字幕

滚动字幕能够产生运动感，让画面效果更加生动。滚动的方向可以是文本从画面左侧向右侧滚动，也可以是文本从画面底部向顶部滚动。利用 Pr 软件中的"响应式设计—时间"功能能够快速创建滚动字幕效果。具体操作步骤如下：

第一步，取消字幕的选中状态，调整字幕的持续时间。单击"节目"面板中的空白区域，取消字幕的选中状态，应用"选择工具"选中"时间轴"面板中的字幕，将鼠标指针移至字幕右侧，当鼠标指针变为"4"形时，按住鼠标左键并向右拖动，延长字幕的持续时间。

第二步，设置"滚动"选项。在"基本图形"面板的"响应式设计—时间"选项组下勾选"滚动"复选框，启用该选项。单击"结束屏幕"复选框，取消其勾选状态，然后设置"预卷"为 00：00：00：20，"过卷"为 00：00：04：00。

第三步，预览滚动字幕效果。返回"节目"面板，单击"播放—停止切换"按钮，可看到字幕从画面底部向画面顶部滚动显示的效果。

二、创建标题字幕

除了使用"文字工具"创建字幕外，还可以使用"旧版标题"命令创建标题字幕。与"文字工具"不同的是，应用"旧版标题"命令创建的字幕会显示在"项目"面板中，如果要应用字幕，需要将它从"项目"面板拖到"时间轴"上。

（一）输入标题文字

在 Pr 软件中执行"文件—新建—旧版标题"命令，将会打开一个字幕编辑窗口，在此窗口中可以用"工具"面板中的工具输入或选择字幕文本，还可以用"旧版标题属性"面板设置文字的大小、颜色等。具体操作步骤如下：

第一步，执行"旧版标题"命令，打开字幕编辑窗口。执行"文件—新建—旧版标题"命令，打开"新建字幕"对话框，在对话框中输入字幕名"商品名"，单击"确定"按钮，打开字幕编辑窗口。

第二步，输入字幕文本。在字幕编辑窗口中，默认会选中"文字工具"。将鼠标指针移到字幕编辑窗口中，当鼠标指针变形时，单击并输入标题文本。此时，由于默认的字体不支持中文，部分中文文本会显示为方框，需要在后续步骤中通过设置字体使文本恢复正常显示。

第三步，打开"工具"和"旧版标题属性"面板。单击字幕编辑窗口左上角的扩展按钮，在展开的列表中执行"工具"命令，打开"工具"面板，再用相同的方法，执行"属性"命令，打开"旧版标题属性"面板。

第四步，设置字幕属性。单击"工具"面板中的"选择工具"按钮，选中输入的文本，然后在"旧版标题属性"面板中设置文本的字体及其大小。

（二）应用图形突出标题信息

为了突出视频画面中的字幕信息，可以利用字幕编辑窗口的"工具"面板中的"矩形工具""圆角矩形工具""椭圆工具"等图形绘制工具，在字幕文本下方绘制图形作为修饰。具体操作步骤如下：

第一步，绘制图形。单击"工具"面板中的"矩形工具"按钮，在字幕文本上方按住鼠标左键并拖动，绘制一个矩形，然后在"旧版标题属性"面板中单击"填充"选项组中"颜色"右侧的颜色框。

第二步，更改图形填充色。打开"拾色器"对话框，在对话框中拖动中间的颜色滑块，设置颜色色相，然后在左侧的色彩范围区域单击，设置图形颜色，最后单击"确定"按钮。

第三步，调整图形排列顺序。更改矩形的填充色后，使用"选择工具"选中矩形并单击鼠标右键，在弹出的快捷菜单中执行"排列—移到最后"命令，将矩形移到字幕文本下方。

（三）复制并更改标题内容

制作好一个字幕后，可以通过复制字幕的方式，快速创建更多相似的字幕。利用"旧版标题"命令创建的字幕会显示在"项目"面板中，只需单击鼠标右键选中面板中的字幕，执行"复制"命令，就能快速复制字幕。然后根据制作需求，进一步调整字幕的名称、文本、格式等。具体操作步骤如下：

第一步，选中字幕，执行"复制"命令。在"项目"面板中选中字幕并点击鼠标右键，在弹出的快捷菜单中执行"复制"命令，复制字幕，得到想要的字幕。

第二步，更改字幕名。双击原有字幕的字幕名，在输入框中输入新字幕名。

第三步，打开字幕编辑窗口，更改文本大小。双击字幕，打开字幕编辑窗口，单击"选择工具"按钮，然后选中矩形上方的文本对象，若文本超出画面边缘，可在"旧版标题属性"面板中通过"字体大小"的设置，缩小文本。

（四）在"时间轴"中添加字幕

使用"旧版标题"命令创建好字幕后，如果需要在序列中应用字幕，那么需要将字幕从"项目"面板中拖动到"时间轴"面板中的视频轨道上，随后可以根据视频的内容和持续时间，调整字幕开始和结束的时间。具体操作步骤如下：

第一步，拖动字幕至"时间轴"面板中。在"项目"面板中选中字幕，将其拖动到"时间轴"面板中的视频轨道上，释放鼠标左键，在"节目"面板中，可以看到字幕在视频画面中的显示效果。

第二步，延长字幕的持续时间。向左拖动"时间轴"面板下方的滑块，放大显示轨道，将鼠标指针移到字幕的右侧，按住鼠标左键并向右拖动，延长字幕的持续时间，使其与下方第一段视频的持续时间一致。

第三步，拖动字幕至"时间轴"面板中。在"项目"面板中选中字幕，将其拖到"时间轴"面板中字幕的后面，释放鼠标，然后拖动"节目"面板中的播放指示器至第二段视频，可以看到画面下方的字幕。

第四步，延长字幕的持续时间。将鼠标指针移到字幕的右侧，当鼠标指针变形时，按住鼠标左键并向右拖动，延长字幕的持续时间，使其与下方第二段视频的持续时间一致。

（五）设置渐隐的字幕效果

如果要让字幕文本的出现或消失显得不那么突兀，可为字幕设置渐隐效果，使文本逐渐显示或逐渐隐藏。在 Pr 软件中，通过为字幕添加关键帧，并指定关键帧的不透明度，就能轻松创建渐隐的字幕效果。具体操作步骤如下：

第一步，选中字幕，拖动播放指示器。用"选择工具"单击"时间轴"面板中的字幕，然后将播放指示器拖动到剪辑开始的位置。

第二步，添加第一个关键帧，设置不透明度。展开"效果控件"面板，单击"不透明度"右侧的"添加 / 移除关键帧"按钮，在字幕开始的位置添加一个关键帧，然后设置不透明度。

第三步，添加第二个关键帧，设置不透明度。向右拖动"效果控件"面板中的播放指示器，指定要添加关键帧的位置，然后单击"添加 / 移除关键帧"

按钮，添加第二个关键帧，再设置不透明度。

第四步，添加第三个关键帧，设置不透明度。继续向右拖动"效果控件"面板中的播放指示器，指定要添加关键帧的位置，然后单击"添加 / 移除关键帧"按钮，添加第三个关键帧，再设置不透明度。

第五步，添加最后一个关键帧，设置不透明度。继续向右拖动播放指示器至字幕快要结束的位置，单击"添加 / 移除关键帧"按钮，添加最后一个关键帧，然后设置不透明度。

第六步，右击字幕，执行"复制"命令。通过复制字幕属性，为另一个字幕设置相同的渐隐效果，右击字幕，在弹出的快捷菜单中执行"复制"命令。

第七步，右击字幕，执行"粘贴属性"命令。右击字幕，在弹出的快捷菜单中执行"粘贴属性"命令。弹出"粘贴属性"对话框，取消勾选"运动"和"时间重映射"复选框。单击"确定"按钮，粘贴属性。

第八步，播放视频，预览效果。单击"节目"面板中的"播放—停止切换"按钮，播放视频，预览效果。

第四节　高曝光短视频的制作

对于大多数运营者来说，短视频虽然火了起来，但是他们对于如何提升自身账号的关注度，可能还有不少疑问。且对于这一问题，不同的人有不同的看法和见解。其实，在笔者看来，解决问题的核心还是在于"用户为什么关注你"这一动机。因此，下面将从用户动机的角度介绍如何制作爆款短视频，提升用户的关注度。

一、营造氛围，满足用户对快乐的需求

喜怒哀乐，是人们经常会有的情绪。其中，"乐"明显是能带给自身和周

围的人以愉悦感受的。在各大短视频平台上，就有很多短视频营造出了这样的情绪氛围。

在短视频运营过程中，如果一个账号能持续带给用户快乐的感受，那么让他们持续关注就是一件轻而易举的事了。如何才能持续满足用户对快乐的需求呢？可以从两个方面入手：一是要注意短视频题材的选择，一般要求搞笑、轻松，带有喜庆氛围的更好；二是要注意保持表演风格、角色塑造等的一致性，让用户朝固定方向联想，形成期待感。

在上述两个方面中，保持角色塑造的一致性是非常重要的，只有在短视频运营过程中不断塑造一致性的角色，随着时间的推移和内容的积累，用户才会自然而然地对接下来的短视频内容中的角色有固定联想，并期待下一个视频。

在保持这种一致性的情况下，即使某天出现了不一样的角色，用户也会在一定程度上沿着原有的角色进行联想。

比如，一个在以往的视频中看着非常搞笑的喜剧演员，如果突然在一个视频中表现出严肃、刻板的形象，那么经常观看视频的用户是会感到严肃、刻板呢，还是会在这种反常的基础上联想到演员的原有形象而感觉更加搞笑呢？一般来说，后一种情况居多。

二、提供谈资，满足用户对好奇的需求

对于未知的世界，人们总是会有不断探索的心理。在孩童时期，人们会对一些好玩的、未见过的东西有着巨大的好奇心；稍微长大一些后，人们会无比渴求知识；进入社会后，人们会追求事业的发展。

在这种普遍的动机需求下，推送一些能引发和满足用户好奇心的短视频也是一种有效的运营方法。一般来说，能满足用户好奇心的短视频内容有三种，即稀奇的、新鲜的以及可以增长知识的。

有些短视频通过稀奇的内容满足用户的好奇心，这样的短视频利用了用户的猎奇心理；还有一些短视频，通过新鲜的和可以增长知识的内容满足用户的好奇心。

这些短视频，或利用人们认知上的反差引发好奇，或利用新鲜的内容为人们提供谈资，抑或利用长知识的内容提升用户的优越感，这些都是通过满足用

户的好奇心而吸引用户关注的好方法。

三、设置目标，满足用户学习模仿的需求

在日常生活中，人们见到好的技巧和行为，总是会不知不觉地去模仿。例如，喜欢书法的人，偶然在某处看到好的碑帖、字帖等，会细细观摩；喜欢折纸艺术的人，在看到相关内容时，会按照提示一步步去操作，期待做出满意的作品。而视频内容的出现，为用户提供了更真实、生动的学习模拟平台。

其实，人们能学习模仿的还不仅限于此，如短视频中的某一行为，同样能成为人们学习模仿的对象或努力为实现某一目标而奋斗的对象。能让人产生学习模仿需求的短视频，在吸引用户关注方面有着显著效果——无论是具有亮点的技能、特长，还是值得学习的某种行为，都是具有巨大吸引力的。

四、工具化内容，满足用户解决问题的需求

除了满足用户的快乐、好奇心和学习模仿的需求外，短视频的内容如果能满足用户解决问题、自我实现的需求，也能吸引更多用户的关注。

有学者提出，如果说满足用户的快乐、好奇心的需求还只停留在心理层面的话，那么满足用户的学习模仿的需求和解决问题的需求就已经上升到了行为层面。只是相对于满足解决问题的需求而言，满足学习模仿的需求并不是生活中必需的。满足解决问题的需求完全是生活能力和生活水平提升所必需的。

无论做什么事，人们总是会遇到问题并解决问题，当然，也正是通过这样的过程，使得人们获得进步。因此，短视频运营者如果能为用户提供解决某一问题的方法和技巧，满足人们解决问题的需求，并能帮助人们更好地完成任务，那么，获得更多用户的关注也就不足为奇了。

这一类短视频有一个明显区别于其他短视频的特点：它吸引用户关注的时长可能并不是某一个时间点，而是会持续相当长的一段时间。例如，用户看到某一个短视频，当时可能只是因为觉得它有用而关注；当经过一段时间后，用户在生活中遇到了可以用短视频中提及的方法来解决问题的情况时，用户是会

二次关注或多次关注的。

可见，能满足用户解决问题的短视频内容，明显是工具化的、有着更长生命周期的内容。它能让用户"因为其他的事情而想起它"，这种结果是必然的，而与满足快乐、好奇心等需求的短视频内容不一样——纯粹是"因为它本身而想起它"，其结果具有极大的偶然性，且大多不可重现。

五、提供人生指引，满足用户自我实现的需求

从心理层面到行为层面，再到更高层次的精神层面，这无疑是一个跨越性发展的过程。运营者在进行短视频运营的过程中，要思考的是"用户为什么关注你"这一核心问题。也可以遵照这一顺序来策划短视频内容，从不同层次、不同角度引导用户关注。

前面已经对用户的两种心理层面的需求满足和两种行为层面的需求满足进行了介绍，接下来为大家分享在精神层面上通过自我实现来满足用户需求的短视频内容。

说到在精神层面上通过自我实现来满足用户的需求，大家可能还会有点困惑，然而如果说起"心灵鸡汤"，大家就会恍然大悟了。相对于其他短视频来说，"心灵鸡汤"类的短视频可能比较少，但也不是不存在的。

"心灵鸡汤"类的短视频之所以能引起用户的关注，最根本的原因还是其中所包含的正能量。人们在生活中是不会没有挫折的，而在遇到挫折时不能缺少积极思想的引导。运营者基于这一情况推出"心灵鸡汤"类短视频，可以为那些有着人生焦虑和挫败感的用户提供指引，让他们拥有更加积极的人生态度。

同时，"心灵鸡汤"类的短视频内容很多都来自名人名言，蕴含着丰富的哲理，因而可以利用其权威效应，降低思想被禁锢的程度，让人生焕发生机和活力。

六、传递信念，让用户饱含正能量

人们总是会被各种情感所感动，特别是那些能激励人们奋发向上的正能量事件，更是激发受众感动情绪的重要原因之一。

例如，勇于救人、善于助人的英雄事迹，对有着"大侠梦"、心存仁义的

受众来说，就是能够激发人感动情绪的事件；历尽辛苦的成功创业之路，对处于低潮期和彷徨期的年轻人来说，更是激发人奋斗的指明灯……如此种种，都可作为爆款短视频的内容，点燃受众心中的信念之火，从而使其坚定、从容地走好后面的人生路。比如，作为一个生活在祖国阳光下的社会人，看到关于国家发展和成就的短视频，是不是会感觉特别骄傲和自豪呢？受众心中油然而生的激动情绪是这类爆款短视频推广效果的缩影。

对受众来说，短视频平台更多的是一个打发无聊、闲暇时光的地方，吸引了众多人的关注。而运营者可以针对平台上众多的用户群体，多发布一些能激励人心、令人感动的短视频作品，从而让无聊变成"有聊"，让用户的闲暇时光也充实起来，这也是短视频平台的正确发展之路。

七、产生共鸣，让用户可以体验温馨的爱

在日常生活中，人们总是会被能让人产生归属感、安全感以及爱与信任的事物所感动。例如，一道能让人想起父母的家常菜，一份萦绕在情侣中间的温馨的爱，一个习以为常却体现细心与贴心的举动，等等。这些细节都能让人心生温暖，它们也最能触动人们心中的柔软之处，且能持久影响人内心的感情。

短视频作为一种常见的、日益发展的内容形式，反映了人们的生活和精神状态。上面描述的一些令人感动的场景都是短视频中比较常见的内容，也是打造爆款短视频不可缺少的元素。短视频可以阐述"爱"这一主题，能让人心生温暖和爱。

八、具有高颜值，满足用户的爱美之心

从古至今，有诸多与"颜值"相关的成语，如沉鱼落雁、闭月羞花、倾国倾城等，除了表达漂亮之意，还附加了一些漂亮所引发的效果。可见，颜值高还是有着一定影响力的。

这一现象同样适用于爆款短视频的打造。这里的"颜值"并不仅仅指人，还包括好看的事物、景观等。

从人的方面来说，除了先天条件外，想要提升颜值，就有必要在自己所展

现出来的形象和妆容上下功夫，要让自己看起来有精神，有神采，而不是一副颓废的样子,这样能明显提升颜值；也可以先化一个精致的妆容后再进行拍摄，这是轻松提升颜值的便捷方法。

从事物、景观等方面来说，是完全可以通过其本身的美丽加上高深的摄影技术来实现高颜值的，如精妙的画面布局、构图和特效等，就可以打造一个拥有高推荐量、高播放量的短视频。

九、提供优质内容，注重实用价值

区别于上述介绍的八种纯粹为了欣赏和观看的爆款短视频，此处要介绍的是一种可以为用户提供有价值的知识和技巧的爆款短视频。

随着短视频行业的快速发展和行业的调整，在笔者看来，其他类型的短视频在受用户欢迎的程度上可能会发生巨大的变化，但具有必要性的干货类短视频是不会随之湮灭的，还有可能越来越受用户的重视，且极有可能日积月累地结构化输出内容，慢慢地把自身账号打造成大的短视频 IP。

其实，相较于纯粹用于欣赏的短视频，干货类短视频有着更宽广的传播渠道。一般来说，凡是可以用来推广和传播欣赏类短视频的途径，也可以用来推广和传播干货类短视频，但是一些可以推广和传播干货类短视频的途径，却不适用于推广和传播欣赏类短视频。例如，专门用于解决问题的问答平台，一般就只适用于发表和上传有价值的干货类短视频。

干货类短视频包括两种类型：知识性短视频和实用性短视频。换句话说，也就是干货类短视频的内容具有知识性和实用性的特征。

所谓"知识性"，就是短视频内容主要介绍的是一些有价值的知识。例如，关于汽车、茶叶等某一行业方面的专业知识，对想要详细了解某一行业的用户来说是非常有用的。

所谓"实用性"，着重在"用"，是指用户看了短视频内容后，可以把看到的内容应用到实际的生活和工作中。一般来说，实用性的短视频会介绍一些技巧类的实用功能。以茶叶为例，如果说介绍茶叶类别的是知识性的干货类短视频，那么告诉大家一些炒茶、沏茶和清理茶具的方法和技巧的，就是实用性的干货类短视频。

第四章　短视频的合成与输出

第一节　主流视频模式

一、MPEG 格式

MPEG 的英文全称为 Moving Picture Experts Group，即运动图像专家组格式，家里常用的 VCD、SVCD、DVD 就是这种格式。MPEG 格式是运动图像压缩算法的国际标准，它采用有损压缩方法，从而减少了运动图像中的冗余信息。说得更深入一点，MPEG 的压缩方法就是保留相邻两幅画面绝大多数相同的部分，而把后续图像中和前面图像中冗余的部分去除，从而达到压缩的目的。目前，MPEG 的主要压缩标准有 MPEG-1、MPEG-2、MPEG-4、MPEG-7 和 MPEG-21。

（一）MPEG-1

MPEG-1 是针对 1.5 Mb/s 以下数据传输率的数字存储媒体运动图像及其伴音编码而设计的国际标准，也就是通常所见到的 VCD 制作格式。MPEG-1

视频采用 YCbCr 色彩空间，4：2：0 采样，码流一般不超过 1.8 Mb/s，仅仅支持逐行图像。MPEG-1 视频的典型分辨率为：352×240@29.97fps（NTSC）或 352×288@25fps（PAL/SECAM）。这种视频格式的文件扩展名包括 .mpg、.mlv、.mpe、.mpeg 及 VCD 光盘中的 .dat 文件等。

（二）MPEG-2

MPEG-2 是针对 3～10 Mb/s 的影音视频数据编码标准。MPEG-2 视频采用 YCbCr 色彩空间，4：2：0 或 4：2：2 或 4：4：4 采样，最高分辨率为 1920×1080，支持 5.1 环绕立体声，支持隔行或者逐行扫描。这种格式主要应用于 DVD 的制作（压缩）方面，同时在一些高清晰度电视（HDTV）和一些高要求的视频编辑、处理方面也有应用。这种视频格式的文件扩展名包括 .mpg、.mpe、.mpeg、.m2v 及 DVD 光盘上的 .vob 文件等。

（三）MPEG-4

MPEG-4 制定于 1998 年，是面向低传输速率的影音编码标准，它可利用很窄的带宽，通过帧重建技术压缩和传输数据，以求使用最少的数据获得最佳的图像质量。MPEG-4 最有吸引力的地方在于它能够保存接近于 DVD 画质的小体积视频文件。这种视频格式的文件扩展名包括 .asf、.mov 和 Divx、AVI 等。MPEG-4 使用了基于对象的编码（Object Based Encoding）技术，即 MPEG-4 的视音频场景是由静止对象、运动对象和音频对象等多种媒体对象组合而成的，只要记录动态图像的轨迹即可，因此在压缩量及品质上，较 MPEG-1 和 MPEG-2 更好。MPEG-4 支持内容的交互性和流媒体特性。

（四）MPEG-7

MPEG-7 并不是一种压缩编码方法，而是一个多媒体内容描述接口（Multimedia Content Description Interface）的标准。继 MPEG-4 之后，要解决的主要矛盾就是对日渐庞大的图像、声音信息的管理和迅速搜索，MPEG-7 就是针对这个矛盾而产生的解决方案。MPEG-7 力求快速且有效地搜索出用户所需的不同类型的多媒体材料。

（五）MPEG–21

MPEG–21 标准被称为多媒体框架（Multimedia Framework），其实就是一些关键技术的集成，通过这种集成环境对全球数字媒体资源进行透明和增强管理，实现内容描述、创建、发布、使用、识别、收费管理、产权保护、终端和网络资源抽取、事件报告等功能。MPEG–21 的最终目标是为多媒体信息用户提供透明而有效的电子交易和使用环境，将在未来的电子商务活动中发挥重要的作用。

二、AVI 格式、nAVI 格式

AVI（Audio Video Interleaved）是音频视频交错的英文缩写，它将音频和视频封装在一个文件里，且允许音频和视频同步播放。它于 1992 年被微软公司推出，随着 Windows 3.1 一起被人们所认识和熟知。这种视频格式的优点是图像质量好，可以跨多个平台使用；其缺点是体积过大，且其压缩标准不统一，最普遍的现象就是高版本 Windows 媒体播放器播放不了采用早期编码编辑的 AVI 格式视频，而低版本 Windows 媒体播放器又播放不了采用最新编码编辑的 AVI 格式视频，所以在播放一些 AVI 格式的视频时，常会出现由视频编码问题造成的视频不能播放，或即使能够播放但不能调节播放进度和播放时只有声音没有图像等莫名其妙的问题。如果用户在播放 AVI 格式的视频时遇到这些问题，可以通过下载相应的解码器来解决。与 DVD 视频格式类似，AVI 文件支持多视频流和音频流，它对视频文件采用了一种有损压缩方式，但压缩程度比较高，因此尽管画面质量不太好，但其应用范围仍然非常广泛。

nAVI 是 newAVI 的缩写，是由一个名为 Shadow Realm 的组织发展起来的一种新视频格式。它是由 Microsoft ASF 压缩算法修改而来的。视频格式追求的无非是压缩率和图像质量，所以 nAVI 为了追求这个目标，改善了原始的 ASF 格式的一些不足，让 nAVI 可以拥有更高的帧率。可以说，nAVI 是一种去掉视频流特性的改良型 ASF 格式。

三、ASF 格式

ASF（Advanced Streaming Format，高级流格式）是微软公司为了和现在的 Real Player 竞争而发展起来的一种可以直接在网上观看视频节目的文件压缩格式。用户可以直接使用 Windows 自带的 Windows Media Player 对视频进行播放。它使用了 MPEG-4 的压缩算法，压缩率和图像的质量都很不错。因为 ASF 是以一种可以在网上即时观赏的视频流格式存在的，所以它的图像质量要比 VCD 差一点，但比同是视频流格式的 RAM 格式要好。

四、MOV 格式

MOV 即 Quick Time 影片格式，它是美国 Apple 公司开发的一种音频、视频文件格式，用于存储常用的数字媒体类型。当选择 Quick Time 作为保存类型时，动画将被保存为 .mov 文件。Quick Time 原本是 Apple 公司用于 Mac 计算机上的一种图像视频处理软件。

Quick Time 提供了两种标准图像和数字视频格式，即可以支持静态的 .PIC 和 .JPG 图像格式，以及动态的基于 Indeo 压缩法的 MOV 和基于 MPEG 压缩法的 MPG 视频格式。

Quick Time 视频文件播放程序，除了可播放 mp3 外，还支持 MIDI 播放，并且可以收听/收视网络视频，支持 HTTP、RTP 和 RTSP 标准。该软件支持 JPEG、BMP、PICT、PNG 和 GIF 主要的图像格式，还支持数字视频文件，包括 MiniDV、DVCPro、DVCam、AV、AVR、MPEG-1、OpenDML 以及 Macromedia Flash 等。Quick Time 文件格式支持 25 位彩色，支持领先的集成压缩技术，提供 150 多种视频效果，并提供了 200 多种 MIDI 兼容音响和设备的声音装置。无论是在本地播放还是作为视频流格式在网上传播，Quick Time 都是一种优良的视频编码格式。Quick Time 具有跨平台（Mac OS/Windows）、存储空间要求小等技术特点，采用了有损压缩方式的 MOV 格式文件，画面效果较 AVI 格式稍微好一些。现在有些非线性编辑软件也可以对这种格式实行处理，其中包括 Adobe 公司的专业级多媒体视频处理软件 After Effect 和 Premiere 等。

五、WMV 格式

WMV（Windows Media Video）是微软公司推出的一种流媒体格式，它是由 ASF 格式升级延伸得来的。在同等视频质量下，WMV 格式视频的体积非常小，因此很适合在网上播放和传输。

WMV 是一种独立于编码方式的在 Internet 上实时传播多媒体的技术标准，微软公司希望用其取代 Quick Time 之类的技术标准以及 WAV、AVI 之类的文件扩展名。WMV 的主要优点在于：具有可扩充的媒体类型、本地或网络回放、可伸缩的媒体类型、流的优先级化、多语言支持、扩展性等。

六、3GP 格式

3GP 是"第三代合作伙伴项目"制定的一种多媒体标准，即一种 3G 流媒体的视频编码格式，主要是为了配合 3G 网络的高传输速度而开发的一种视频格式。其核心由高级音频编码、自适应多速率、MPEG-4 和 H.263 视频编码解码器等组成，目前支持视频拍摄的手机都支持 3GP 格式的视频播放。

七、Real Video（RA、RAM）格式

Real Video 格式一开始就是应用于视频流方面的，也是视频流技术的始创者。它可以在用 56K Modem 拨号上网的条件下实现不间断的视频播放，当然，其图像质量不能和 MPEG-2、Divx 等相比，毕竟要在网上传输不间断的视频需要很大的频宽。

八、RM 格式与 RMVB 格式

RM 格式是 Real Networks 公司制定的音频视频压缩规范，全称为 Real Media。用户可以使用 Real Player 或 RealONE Player 对符合 Real Media 技术规范的网络音频或视频资源进行实况转播，并且，Real Media 可以根据不同的网

络传输速率制定出不同的压缩比率，从而实现在低速率的网络上影像数据实时传送和播放。这种格式的另一个特点是用户可以使用 Real Player 或 RealONE Player 播放器在不下载音频或视频内容的条件下在线播放。另外，RM 作为目前的主流网络视频格式，还可以通过 Real Server 服务器将其他格式的视频转换成 RM 视频并由 Real Server 服务器对外发布和播放。一般来说，RM 视频更柔和一些，而 ASF 视频则相对更清晰一些。

RMVB 格式是由 RM 格式升级而来的视频格式。它的先进之处在于，打破了原先 RM 格式那种平均压缩采样的方式，在保证平均压缩比的基础上合理利用比特率资源，在静止和动作场面少的画面场景中采用较低的编码速率，这样可以留出更多的带宽空间，而这些带宽会在出现快速运动的画面场景时被利用，在保证了静止画面质量的前提下，大幅提高了运动图像的画面质量，从而使画面质量和文件大小之间达到微妙的平衡。另外，相对于 DVDRip 格式，RMVB 格式也有着较明显的优势，一部文件大小为 700 MB 左右的 DVD 影片，如果将其转录成具有同样视听品质的 RMVB 格式，其文件大小最多也就是 400 MB，不仅如此，这种视频格式还具有内置字幕和无需外挂插件支持等优点。

九、FLV 格式与 F4V 格式

FLV 是 Flash Video 的简称，也是一种视频流媒体格式。它形成的文件较小、加载速度很快，使网络观看视频文件成为可能。它的出现有效地克服了将视频文件导入 Flash 后，导出的 SWF 文件体积庞大，不能在网络上很好地使用等缺点，应用较为广泛。

F4V 格式是继 FLV 格式后 Adobe 公司推出的支持 H.264 编码的高清流媒体格式，它和 FLV 格式的主要区别在于，FLV 格式采用的是 H.263 编码，而 F4V 格式则支持 H.264 编码的高清晰视频播放，码率最高可达 50 Mbps。F4V 格式文件更小、更清晰，更利于网络传播，已逐渐取代 FLV 格式，且已被大多数主流播放器兼容，而不需要通过转换等复杂的方式。在文件大小相同的情况下，F4V 格式的清晰度明显比 MPEG-2 和 H.263 编码的 FLV 格式要好。由于采用 H.264 高清编码，相比于传统的 FLV 格式，F4V 格式在同等体积下，能够实现更高的分辨率，并支持更高的比特率。但由于 F4V 格式是新兴的格式，目前，各大视频网站采用 F4V 的标准非常多，也决定了 F4V 格式相比于传统 FLV 格式，兼容能力相对较弱。需要注意的是，F4V 和 mp4 是兼容的格式，都属于 ISMA MP4 容器，但是 F4V 格式只用来封装 H.264 视频编码和音频，而虽然 AAC、FIV 是 Adobe 的私有格式，但是也可以用来封装 H.264 视频编码、AAC 音频编码或 H.263 视频编码、mp3 音频编码。

此外，目前也有许多大公司推出了性能优异的视频格式，如索尼公司推出了适合高清领域的 MTS 格式。

十、H.264、H.265 标准

H.264 标准是由 ITU–T 视频编码专家组（VCEG）和 ISO/IEC 动态图像专家组（MPEG）联合组成的联合视频组（Joint Video Team，JVT）提出的高度压缩数字视频编解码器标准。与 MPEG–2 相比，在同样的图像质量条件下，H.264 的数据速率只有前者的 1/2 左右，压缩率大大提高。H.264 标准通常也被称为高级视频编码标准（以 AVC 表示）。

H.264 的前身 H.26L 是由国际电信联盟 ITU–T 视频编码专家组（VCEG）首先提出的。自 2001 年起，ITU–T 的 VCEG 与国际标准化组织 ISO/IEC 的动态图像专家组（MPEG）共同组织了联合视频组（JVT），在 H.26L 的基础上开发出新一代视频压缩编码标准 H.264，同时，它作为 MPEG–4 标准中的一个新的第 10 部分，与 MPEG–4 中第 2 部分的视频压缩编码标准相比，有更优异的性能。因此，在谈及 MPEG–4 的视频编码方法和性能时，应特别区分是指其第 2 部分还是第 10 部分，二者不可混为一谈。H.264 也是 MPEG–4 的一种，全称为 MPEG–4Part10 或 MPEG–4AVC（高级视频编码）。它们都是活动图像编码方式的国际标准。

ITU 于 2013 年批准了 H.265 标准，这个标准的正式名称是 HEVC（High Efficiency Video Coding）。尽管 H.265 在编码架构上与 H.264 相似，但 H.265 引入了可变量的尺寸转换以及更大尺寸的帧内预测块、更多的帧内预测模式减少空间冗余、更多空间域与时间域结合、更精准的运动补偿滤波器等手段，且多核并行计算速度快，适应高清实时编码，其峰值计算量达 500GOPS，H.264 仅 100GOPS，H.265 在性能与功能上远超 H.264。

第二节 After Effects 的渲染与输出

一、渲染与输出

为了实现操作过程的一致性,首先要恢复 After Effects 程序的默认设置,启动 After Effects 时按下 Ctrl+Alt+Shift 键,在系统询问是否删除首选项文件时,单击"确定"按钮。

选择菜单"文件—打开项目"命令（快捷键为 Ctrl+O）,在弹出的"打开"对话框中,导航到"光盘"文件夹下,双击"屏幕替换.aep"文件,打开项目。

在项目面板中点选"屏幕替换"合成,选择菜单中的"合成—添加到渲染列队"命令（快捷键为 Ctrl+M）,打开渲染列队面板。

将项目置入渲染列队的其他方法如下:

第一,在项目面板中点选合成后,按快捷键 Ctrl+Shift+/。

第二,按快捷键 Ctrl+Alt+O 打开渲染列队面板,将项目面板中的合成文件拖入渲染列队。

第三,激活"时间轴"面板中显示的合成,按快捷键 Ctrl+Shift+/ 或 Ctrl+M。

第四,激活合成面板中显示的合成,按快捷键 Ctrl+Shift+/ 或 Ctrl+M。

在渲染列队面板中可以清楚地看到,需要渲染的合成名称下只有两个选项,分别是"渲染设置"和"输出模块"。正是这两个选项的设置,决定了最终的渲染输出效果。当对这两个选项设置完毕后,单击渲染列队面板右上角的"渲染"按钮即可进行渲染输出。

二、渲染设置

"渲染设置"决定了 After Effects 进行渲染时如何处理合成，其包括品质、分辨率、帧速率、色彩深度、时间范围和一些相关设置的开关。After Effects 就是用这些参数指标来创建所有的未压缩帧的。

"渲染设置"的默认值是"最佳设置"，可以单击左侧的三角图标展开显示"最佳设置"所包含的详细内容。

当然，不能在显示的信息上直接修改参数，如果希望修改或自定义相关参数，可以单击蓝色的"最佳设置"文字，打开渲染设置面板。

（一）品质

品质选项决定图层渲染的质量。通常选择"最佳"，这样合成中的所有图层都会被强制设为最佳的渲染质量。"草图"和"线框"表示更低的渲染质量，其渲染速度会相应提高。如果选择"当前设置"，表示将根据合成中每个图层的质量设置来进行渲染。

（二）分辨率

分辨率选项用于调整原合成的分辨率。当用于最终渲染输出时，应选择"完整"，使合成强制以完整的分辨率进行渲染，以得到最佳显示效果。如果只是要渲染输出一个样片用于临时观看和分析，为了提高渲染速度，可以降低合成的分辨率，选择"二分之一""四分之一"等选项，这比在合成中直接修改分辨率要便捷得多。如果选择"当前设置"，表示将根据合成及嵌套合成的分辨率进行渲染。

（三）磁盘缓存

磁盘缓存用于确定渲染期间是否使用磁盘缓存这一首选项。"只读"选项不会在 After Effects 渲染期间向磁盘缓存写入任何新的帧，但可以使用已经缓存的帧，以节省时间。是否需要磁盘缓存要看该合成使用的频率，如果一个合成在渲染过程中要使用多次，生成磁盘缓存就可以节省时间，否则如果对不会被再次使用的帧进行缓存，就会浪费时间。

（四）使用代理

为了保证编辑动画和特效过程的流畅性，或是在渲染低品质样片时提高效率，往往会为一些素材与合成创建替身，这个替身就是代理。"使用代理"就是用来确定在渲染时是否使用代理的。"当前设置"将根据项目面板中的代理开关设置来决定在渲染时是否使用代理。为了保证最佳的渲染质量，可以选择"不使用代理"，但这可能会降低渲染速度。

（五）效果

效果用于决定是否渲染合成中使用的特效。"全部关闭"将不渲染合成中的任何特效，一般很少使用。在编辑合成时，为了提高系统流畅性暂时会关闭一些特效，在渲染时就需要强制开启所有特效，这时就要用到"全部开启"，但前提是要能够及时删除不需要的特效。如果你有很好的特效使用习惯，在最终渲染前开启暂时关闭的特效，就可以选择"当前设置"，这样就将根据你合成中的设置来渲染特效。

（六）独奏

在图层编辑中，往往会使用"独奏"来快速隔离一个图层。如果希望单独渲染合成中的某一个图层的话，就可以在"时间轴"面板中开启该图层的"独奏"开关，然后将渲染设置中的"独奏"开关设为"当前设置"；而如果想要忽略"独奏"，渲染所有图层，就应选择"全部关闭"。

（七）引导层

我们一般不会渲染引导层，因为它只是用来帮助定位和编辑元素的，所以会选择"全部关闭"。即使选择"当前设置"，也只能渲染最顶层合成中的引导层，不会渲染嵌套合成中的引导层。

（八）色彩深度

选择"当前设置"，将根据项目的色彩深度设置进行渲染，但有时为了提高系统运行效率，可以在编辑时使用较低的色彩深度，在渲染时再选择一个较高的色彩深度，以保证输出质量。

（九）帧混合

帧混合往往用于提高画面显示质量，但这也会使系统运行速度变慢。所以，通常在进行编辑时会开启图层的帧混合，关闭合成帧混合的总开关，然后将渲染设置中的帧混合设为"对选中图层打开"，在渲染时才计算图层的帧混合。如果选择"当前设置"，将根据合成帧混合总开关的启用情况进行渲染。

（十）场渲染

如果渲染电影或在计算机中播放的视频及其他逐行扫描的视频等就选择"关"，只有创建隔行扫描的视频时才会进行场渲染，至于如何选择"高场优先"和"低场优先"，就要根据制式及播放设备的要求来判断。

（十一）3：2 Pull down

3：2 Pull down是一种交错帧的技术，只有在启用场渲染的情况下才可激活该项。当传送 24 fps 影片到 29.97 fps 视频时，影片帧以重复的 3：2 模式跨视频场分布。影片的第 1 个帧复制到视频的第 1 个帧的场 1 和场 2，同时也复制到第 2 个视频帧的场 1，影片的第 2 个帧随后在视频的下两个场（即第 2 个视频帧的场 2 和第 3 个视频帧的场 1）中传播。一直重复这种 3：2 模式，直到影片的 4 个帧传播到视频的 5 个帧上，接着继续重复该模式。3：2 Pull down 过程将导致全帧（用 W 表示）和拆分场帧（用 S 表示）的产生。3：2 Pull down 中的 5 个选项，对于渲染输出来说，实际上是一样的，只有在将此渲染链接回场景时，才会精确匹配场景的 Pull down 选项。

（十二）运动模糊

运动模糊选项与前面提到的帧混合工作方式相同，即为了提高系统响应速度，通常在进行编辑时开启指定图层的运动模糊，但同时要关闭合成运动模糊的总开关，然后将渲染设置中的运动模糊设为"对选中图层打开"，在渲染时才计算图层的运动模糊。如果选择"当前设置"，将根据合成运动模糊总开关的启用情况进行渲染。

（十三）时间跨度

时间跨度用于设定要渲染多少合成中的内容。要渲染整个合成，就选择"合成长度"；选择"仅工作区域"将只渲染由工作区域标记指示的合成部分。也可以通过选择"自定义"，然后打开"自定义时间范围"对话框来设定渲染范围的起止点。

（十四）帧速率

帧速率就是每秒显示的帧数，一般会选择"使用合成的帧速率"。如果希望在输出时改变帧速率，就可以选择"使用此帧速率"，并设置相应的数值。相比在合成设置中改变帧速率，在渲染设置中改变帧速率的优势在于原合成中的关键帧不会因此发生变化。

（十五）跳过现有文件

只有在输出模块中将格式设置为渲染静态图像序列时，此项才可激活。跳过现有文件功能的优势在于，在渲染图像序列时由于死机或其他原因终止了渲染，而再次渲染序列时，系统会先检查输出路径中已经存在的序列并将其跳过，然后从断开的位置开始渲染新的图像序列，这样会避免重复渲染而浪费资源。

在进行网络渲染时，也要选中"跳过现有文件"选项，这样就能保证当多台机器渲染同一个图像序列时，不会重复渲染相同的帧，并最终将所有帧连续地排列在一个文件夹中，完成渲染。

三、输出模块

（一）输出路径及文件名

输出文件的默认文件名为合成的名称，我们可以通过单击"输出到"右侧的三角形图标展开下拉菜单，选择其他命名方式。例如，"合成名称和尺寸"就是一个不错的选择，这种命名方式会在合成名称后面加上输出视频的分辨率，这样在输出多尺寸文件时就可以一目了然地分辨它们。

创建命名模板的方法是：单击"输出到"下拉菜单中的"自定义"项，在弹出的"文件名称和位置模板"对话框中自己设定输出文件命名模式。可以在面板中单击"添加属性"按钮为模板添加命名项，也可以在模板项中直接输入输出路径作为默认保存路径。单击"预设"项右侧的新建图标，在弹出的"选择名称"面板中输入新建模板名称。这样新建的命名模板就会出现在"输出到"下拉菜单中。

除了使用命名模板，还可以手动选择保存路径和命名文件，单击"输出到"项右侧的蓝色文件名，在弹出的"将影片输出到"对话框中，选择输出路径并修改文件名。

（二）输出模块参数

输出模块参数的默认值是"无损"，可以单击左侧的三角图标展开显示"无损"所包含的详细内容。

由于不能在显示的信息上直接修改参数，所以如果希望修改或自定义相关参数，可以单击蓝色的"无损"文字，打开"输出模块设置"对话框。

1. 格式

在输出模块中首先需要设置的就是存储格式，After Effects 能够输出多种格式的文件，可以是 AVI、MOV 这样的视频文件，也可以是 JPEG、PNG 这样的图片序列。应通过单击"输出模块设置"对话框中"格式"项右侧的下拉列表进行选择。

2. 格式选项

在确定好以何种格式保存渲染之后，接下来就需要设置指定格式的编解码器了。所谓视频编解码器，是指一个能够对数字视频进行压缩或解压的程序。之所以要对视频进行压缩，是为了便于存储与传输。这种压缩属于有损数据压缩，这意味着一些数据丢失后就无法再找回。所以，选择何种压缩方式将直接影响最终视频文件的容量与清晰度。

例如，当选择了 Quick Time 格式后，单击"格式选项"按钮打开"Quick Time 选项"对话框，在"视频编解码器"的下拉列表中选择需要的编解码方式。因为 Quick Time 是一种非常流行且很成熟的视频格式,所以其相应的编解码器也非常丰富。下面对一些常用的选项进行说明:

（1）无

代表无压缩,这样虽然会生成高质量的视频画面,但代价是保存的文件所占的磁盘空间太大,不适合进行网络传播。如果需要将输出的文件再次导入进行编辑合成,或是导入像 Premiere 这样的剪辑软件时,就需要尽量保持画面的高质量,此时无压缩就是不错的选择。

（2）动画

能够在对视频进行压缩的同时保持高质量的动画效果。

（3）Photo-JPEG

这一选项将提供 JPEG 图片般的清晰质量,同时压缩率又很高,这使得文件在保持较小尺寸的同时保证可接受的图像质量。

（4）H.264

这是一种现在非常流行的编解码器,是一种视频高压缩技术。在同等图像质量的条件下,H.264 的压缩比是 MPEG-2 的 2 倍以上,是 MPEG-4 的 1.5 ～ 2 倍。H.264 还具备超强的容错能力和网络适应能力,特别适合进行网络传输,所以,H.264 是当前各大视频网站推崇的编解码器。

将同样一个 8 秒的合成渲染并输出为 Quick Time 的 MOV 文件时,由于选择的编解码器不同,文件大小也会相差很多,我们可以根据需要进行选择。

除了编解码器,我们可以在“基本视频设置”中调整影片的品质,“品质”设置得越高,图像的品质越好,视频文件也会越大。

3. 渲染后动作

这项设置的默认值为“无”,也就是渲染输出后什么也不做。如果希望在渲染后将视频文件作为素材再次导入项目文件中,就可以选择“导入”。“导入和替换用法”则是更高级的用法,不仅会导入渲染完成的视频,还会用该视频素材替换其对应的合成文件出现在嵌套合成中。与其相比,更好的选择是“设置代理”,因为作为代理,它只是暂时替代其对应的合成,可以根据需要随时关闭或开启。

4. 视频输出

视频输出负责设置输出的可见部分,包括通道、深度、颜色、画面大小和剪裁等，如果只是输出音频的话，就可以关闭该选项。其中，通道、深度、颜色选项是彼此关联的，在"格式选项"中选择的编解码器不同，会导致这三项设置的自动变化。一般情况下，该项会保持默认值。

5. 音频输出

如果输出的视频没有声音，可能就是音频输出选择的问题。音频输出有三个可选项："关闭音频输出"，即只输出视频；"打开音频输出"，即输出包含音频的视频，即使待渲染的合成中没有音频，也会强制输出静音的音频轨道；"自动音频输出"，这是个非常不错的选择，只有在合成中含有音频时，才会输出音频。

当设置输出音频后，可以设置输出音频的采样率、采样深度（8 位或 16 位）和播放格式（单声道或立体声）。其中，采样率是音频每秒采样的次数，采样率越高，音质越好，但文件也会越大。44.1kHz 是 CD 音频的采样率，对于一般视频来说，这个设置就足够了。

同视频一样，我们也可以为音频设置编解码器，以便对其进行压缩。单击音频输出的"格式选项"按钮，会弹出选项对话框，在"音频编解码器"项的下拉列表中选择编解码器。其中，AAC 是高级音频编码器的缩写，是一种非常流行的高质量音频格式，有着很好的压缩率，适合网络传输，被众多视频网站推荐。

四、使用 Adobe Media Encoder 输出

在前面介绍的输出设置中，大家可能会发现一个问题，那就是可选的视频格式非常有限，如当下应用非常广泛的 mp4 格式就没有。这是因为 After Effects 在新版本中弃用了一些被开发者认为过时了的格式。我们可以使用 Adobe 的 Media Encoder 来辅助输出想要的格式。Adobe Media Encoder 是一款独立于 After Effects 的音视频渲染输出软件，它不仅支持众多的输出格式编码，还可以批量处理多个渲染输出任务。也正是依靠其独立性，我们可以在 Media Encoder 进行渲染输出的过程中，进行其他的合成编辑。下面就以实例来说明使用 Media Encoder 进行输出的操作方法：

（一）添加到 Adobe Media Encoder 队列

在 After Effects 中打开"屏幕替换 .aep"项目文件，在项目面板中选择"屏幕替换"合成，选择菜单"合成—添加到 Adobe Media Encoder 队列"命令（快捷键为 Ctrl+Alt+M）。系统会自动打开 Adobe Media Encoder 程序，需要渲染的"屏幕替换"合成也会自动添加到队列面板中。

其实，我们不必打开 After Effects 就能够将需要渲染输出的合成添加到 Media Encoder 的队列面板中。具体操作如下：

单独运行 Adobe Media Encoder 程序，在队列面板中用鼠标左键双击空白处，在弹出的"打开"对话框中，导航到 After Effects 项目文件存储的目录下，双击项目文件，在弹出的"导入 After Effects 合成"对话框中双击需要渲染的合成，完成渲染队列的导入。

除了 After Effects 的项目文件，Media Encoder 还支持导入 Premiere 的工程序列。由此我们可以看出，尽管 Media Encoder 是一个独立的程序，但它对 Adobe 后期软件的支持还是非常有力的。

（二）设置输出参数

在列队面板中的合成文件，有三个可修改项，分别是格式、预设和输出文件，其默认值是最近一次选择的设置参数。

第一，单击格式项的下拉菜单，这里显示的格式要比 After Effects 中的多很多，选择 H.264 格式（不同于 Quick Time 格式中的 H.264 编解码器，这个选项将输出一个 mp4 文件）。

第二，单击预设项的下拉菜单，我们可以发现这里的选项很多，可以按键盘的上下箭头键进行浏览，这些预设的选项都是根据不同设备、用途，甚至是为不同的视频网站而设置的。例如，选择"YouTube 720p HD"选项，即输出在 YouTube（一个视频网站）上使用的半高清视频。

第三，单击输出文件项的蓝色文字，可以设置输出路径和文件名。

（三）自定义输出参数

除了在下拉列表中选择预设选项，我们还可以自定义输出参数：

第一，单击预设项（或格式项）的蓝色文字，打开"导出设置"对话框。

第二，在导出设置中，可以设置格式、预设、输出名称，还可以选择是否导出视频或音频。

第三，在视频选项卡中，可以具体设置视频的相关参数。由于预设选择不同，相关参数也会发生变化，这些参数与 After Effects 输出中的设置大部分相同，其中，比特率的设置影响视频的质量和大小。

第四，在音频选项卡中，设置音频相关参数。

第五，通过对话框左下方"源范围"的滑块调整，可以设置合成输出的范围。

第六，对话框右下方将显示估计的文件大小。

第七，设置完成后单击"确定"按钮。

（四）添加输出项

与 After Effects 相同，Media Encoder 也支持多输出模块，可以为一个合成同时输出多种格式的视频。

在 Media Encoder 的队列面板中，选择待渲染的合成文件，再单击面板左上角的"添加输出"按钮，为该合成添加一个输出模块。

为新添加的输出模块设置参数，格式选择"Windows Media"，预设选择"HD 720p25"。选择"Windows Media"将生成 WMV 格式的视频，这是一个由微软公司开发的视频编码格式，使用广泛，兼容性好。

除了单击队列面板左上角的"添加输出"按钮来添加输出模块以外，我们还可以在 Media Encoder 程序右侧的预设浏览器面板中选择需要的格式和预设值，并将其拖到队列面板中，以此来为合成添加新的输出模块。预设浏览器中的系统预设虽然众多，但其基于使用（如广播、Web 视频）和设备目标（如DVD、蓝光、摄像头、绘图板）进行分类，可以快速找到需要的视频格式，并且支持通过搜索栏快速查找定位，也可以修改这些预设以创建自定义预设。通过预设浏览器来为合成文件添加输出模块，在预设浏览器面板中找到"系统预设—图像序列"的"GIF > 320 × 240，10 fps"项，将其拖至队列面板中的合成文件下方，以生成 GIF 动态图片。

（五）启动队列

确认所有输出模块添加完成后，单击队列面板右上角的绿色播放键图标启动队列（快捷键为回车键），开始渲染输出。

此时，Media Encoder 程序左下方的编码面板上开始显示三个输出编码的进度信息。

在输出过程中，按 Esc 键将停止所有正在进行的渲染，队列面板中的输出模块将显示灰色，状态栏显示"已停止"。如需重新启动渲染，使用鼠标右键单击输出模块，在弹出的上下文菜单中选择"重置状态"，再按回车键启动队列。

（六）监视文件夹

Media Encoder 还有一个非常神奇的功能，就是可以将磁盘中的一个或多个文件夹设为"监视文件夹"，只要将 After Effects 的项目文件（或图片、音频、视频等媒体文件）存入该文件夹，就会按照提前设置好的格式自动渲染输出。通过这个功能，可以实现高效的视频输出及格式转换。具体操作如下：

在 Media Encoder 程序右下方的监视文件夹面板中，使用鼠标左键双击空白处（或单击"+"按钮），在弹出的"选择要监视的文件夹"对话框中，选择一个需要监视的文件夹，然后单击"选择文件夹"按钮，此时"监视文件夹"面板中就会出现刚刚选择的文件夹路径，并配有相应的输出设置。

可以在"预设浏览器"面板中选择一个需要的预设项，将其拖至"监视文件夹"面板的文件夹输出项上，以替换默认的输出设置。与队列面板相同，也可以为监视文件夹添加多个输出模块。

接下来需要做的就是将 After Effects 的项目文件（或图片、音频、视频等媒体文件）存入该文件夹内（需要在 After Effects 中选择"另存为"命令，将项目文件存到监视文件夹中，如果只是将项目文件复制过去，会丢失合成中的素材链接）。Media Encoder 会自动检测被添加到"监视文件夹"中的媒体文件并开始编码。编码完成后，"监视文件夹"中会出现两个文件夹，其中，"输出"文件夹用于存放自动渲染输出的文件，"源"文件夹用于存放项目文件或源媒体文件。

需要注意的是，Media Encoder 的"监视文件夹"会渲染输出项目文件中的所有合成（包括嵌套的合成）。这是一件很麻烦的事情，因为它可能会生成很多不必要的视频文件。所以，在使用"监视文件夹"时一定要注意这一点，以免浪费系统资源和时间；或者只将"监视文件夹"功能用于媒体文件的格式转换。

第三节　Premiere Pro 的输出

本节以 Premiere Pro 2020 为例进行阐述。

一、设置导出的基本选项

在序列中完成了素材的搭配和编辑后，如果效果满意，可以使用导出命令合成影片，在计算机显示器和电视屏幕上播放影片，或将影片导出到录像带上。

通常都需要将编辑的影片合成为一个可以在 Premiere Pro 2020 软件中实时播放的影片，将其录制到录像带上，或导出到其他媒介工具上。

当一部影片合成之后，我们可以在计算机显示器上播放影片，并通过视频卡将其导出到录像带上，也可以将它导入到其他支持 Video for Windows 或 Quick Time 的应用中。

完成后的影片的质量取决于诸多因素，如编辑所使用的图形压缩类型、导出的帧速率以及播放影片的计算机系统的速度等。

在合成影片前，我们需要在导出设置中对影片的质量进行相关设置。例如，使用何种编辑格式等。选择不同的编辑格式，可供导出的影片格式和压缩设置等也有所不同。导出设置中的大部分与项目的设置选项相同。

设置导出基本选项的方法如下：选择需要导出的序列，执行"文件""导出""媒体"命令，弹出"导出设置"对话框。Premiere Pro 2020 对输出的窗口进行整合，使其更人性化。将输出文件名称、导出媒体音频视频的设置等都整合到一个窗口中，在输出过程中还可以查看视频效果。

（一）格式

我们可将导出的数字电影设定为不同的格式，以便适应不同的需要。可以在下拉列表中选择想要导出的媒体格式。

Premiere Pro 2020 软件在输出视频的时候，要根据不同的需求来决定输出的格式。

如果输出文件后就要直接观看，推荐输出 H.264，即 mp4 格式，这种格式的视频画质清晰，文件体积小，方便传输。因此，如果没有特别要求，推荐输出时选择 mp4 格式。H.264 编码指定使用的标准封装格式，可以包含 30 种以上不同类型的数据，具有更大的扩展性，但是这是以复杂性为代价的，它在编解码时需要更多的处理能力。

如果想输出文件后继续进行编辑，一般推荐输出 MOV 格式。

要想导出 FLV 格式文件，在 Premiere Pro 2020 软件里面是没有办法实现的，但是可以在输出 H.264 个 .hi 文件后，再借用格式工厂之类的转码软件来实现。

导出 DV 格式的数字视频，选择 AVI 导出基于 MacOS 操作平台的数字电影，选择 Quick Time（MAC 的视频格式）或 Animated GIF，导出 GIF 动画文件。选择 AAC 音频，只导出影片的声音，导出声音为 AAC 文件。AAC 采用的编码有两种：一种是 128K 及以下的，一种是 256K 及以上的。如果后缀为 .aac 则音质很低，只适合较低的网络带宽，因为它的压缩率极高，远远高于 mp3。

Premiere Pro 2020 可以将节目导出为一组带有序列号的序列图片。这些文件由号码 01 开始顺序计数，并将号码补充到文件名中，如 Sequence01.tga、Sequence02.tga、Sequence03.tga 等。导出序列图片后，可以使用胶片记录器将帧转换为电影，也可以在 Photoshop 等其他图像处理软件中编辑序列图片，然后再导入 Premiere 进行编辑，导出的静帧序列文件格式有 TIFF、Targa、GIF和 BMP 等。

（二）预设

Premiere Pro 2020 为用户提供了多种预置的导出格式。

（三）注释

可以对导出的文件添加文字注释。

（四）输出名称

单击"输出名称"右侧的输出路径，将弹出一个对话框，在该对话框中设置输出文件的保存路径和名称。

（五）导出视频

合成影片时导出图像文件。如果取消选择该项，则不能导出图像文件。

（六）导出音频

合成影片时导出声音文件。如果取消选择该项，则不能导出声音文件。

（七）使用最高渲染品质

选择该项将导出最高质量的节目，不过导出后的文件相应也会变得大一些。

二、导出视频文件

在一般情况下，用户需要将编辑完成的节目合成为一个文件，然后才能将其录制到磁带或其他媒介上。接下来以合成视频文件为例，介绍其操作方法：

第一，选择要导出为影片的"时间轴"，也就是确保"时间轴"处于激活状态。

第二，依次执行"文件""导出""媒体"命令，弹出"导出设置"对话框。

第三，指定导出路径，为导出文件起名，设置视频和音频，设置完毕之后单击"导出"按钮，计算机开始计算合成文件。视频中包含的内容越复杂，这一步骤占用的时间越长。

三、导出影片到磁带上

用户可以执行"文件""导出""磁带"命令。将一段 Premiere Pro 2020 影片或影片序列记录到录像带上。用户需要用一块视频卡，将 RGB 信号转换为 NTSC 或 PAL 信号，还需要准备一台录像机，用来将节目录制到录像带上。将影片导出到磁带上的操作步骤如下：

第一，选择需要录制影片的窗口。

第二，执行"文件""导出""磁带"命令，在弹出的对话框中进行设置。

第三，单击"导出"按钮开始导出影片。

四、其他导出操作

在 Premiere Pro 2020 软件中，除了可以将影片导出为视频和导出到磁带上的操作以外，还可以将字幕、序列、时间码等素材导出为单独的文件，也可以将影片导出为媒体发布到网上。

（一）导出字幕

可以将"项目"窗口列表中的字幕文件单独导出，以便后期编辑修改使用。导出的字幕文件格式为 PRTL，可以在其他 Premiere 项目中将它导入到"项目"窗口列表中，导入后的文件仍然是字幕文件格式，可以进行再次加工编辑。导出字幕的方法如下：

第一，在"项目"窗口中选中需要导出的字幕文件。

第二，执行"文件""导出""字幕"命令，在弹出的字幕设置对话框中设置文件格式和帧速率，然后单击"确定"按钮。

第三，在弹出的"另存为"对话框中指定字幕文件的存储路径、文件名与保存类型。

第四，单击"保存"按钮，完成导出操作。

（二）导出序列文件

导出序列文件的操作方法如下：

第一，选择需要导出的序列文件。

第二，执行"文件""导出""媒体"命令，在弹出的存储对话框中指定合成文件的存储路径与文件名。在"格式"下拉列表中选择一种序列文件格式，如 Targa。如果要保持序列设置不变，则直接选中"与源属性匹配"选项即可。

第三，调节其他参数，然后单击"导出"按钮导出文件。导出完毕，计算机自动关闭对话框，用户可以在先前设置的导出文件夹中查看已经被导出的序列文件。

（三）导出为媒体发布到网上

首先选择需要导出的序列，执行"文件""导出""媒体"命令，在弹出的"导出设置"对话框中单击"发布"，再使用"FTP"选项下的设置，就可以将 Premiere Pro 2020 导出的文件直接发布到网上。

（四）导出素材到记录表上

每个素材都有自己的播放时间长度，在编辑影片时，为了更清楚地了解素材的具体时间长度，有必要制作一个素材时间码记录表，以供查询。生成素材时间码记录表的方法如下：

第一，选中时间轴中所有要被导出的素材，然后选择"文件""导出""EDL"命令，弹出"EDL 输出设置"对话框。

第二，单击"确定"按钮，弹出"将序列另存为 EDL"对话框，指定一个文件名称和保存位置，然后单击"保存"按钮。

第四节　短视频的发布

一、短视频的发布及其效果

（一）短视频的发布与推广技巧

1. 精准细分市场

自 2016 年起，各类短视频 App 迎来了井喷式的增长。其中，快手因其转型的迅速和庞大的用户基础，使其从众多的短视频软件中脱颖而出，成为短视频行业中的巨头之一。后来，以年轻人为市场目标的抖音区别于快手，渐渐占据新媒体短视频市场的主导地位。以主打"二次元"市场的"bilibili"，对市场的竞争目标更加具有针对性，在新媒体短视频行业有着常年稳固的用户基础。

快手、抖音和 bilibili 三大平台的短视频内容存在明显差异，前两者更喜爱发布"接地气"的情景剧，乐于分享普通人的日常生活；后者则更喜爱发布精品化的视频内容，关注社会普遍议题，并且对视频具有一定的审美能力。bilibili 有别于前两者，视频内容以动画、萌宠、二次元文化、超级英雄等为主。

2. 清晰受众地位

在地区分布上，快手、抖音和 bilibili 三大平台也存在着差异，抖音分布在中国四线及四线以下城市的用户数量少于快手；反之，快手在中国一、二线城市的用户数量要少于抖音；bilibili 的主要用户群体分布在广东、江苏、北京、上海、浙江等地区，都是一些经济很发达的地区。从短视频的内容来看，抖音在内容上相较于快手更加精品化，无论质量与品位都要高于快手；而快手的短视频更加"接地气"，操作也比抖音更加简单。

对信息的选择性接受和记忆，可能是态度和受教育程度综合作用的结果。快手、抖音和 bilibili 三大平台分别展示的是都市文化、乡村文化和"二次元"文化，所以导致三者内容上的差异。而三个平台内容上的差异，使得拥有不同需求的社会阶层在媒介的选择方面产生了区别。

3. 发布频率及时段

在短视频领域，更新换代的频率异常频繁，想要让观众保持新鲜感，作品的更新频率通常分为"日更""双日更"和"三日更"。"日更"的频率往往属于账号的初期，为了在观众心里建立存在感，以高频率的更新方式让观众能在数日之内记住并留下印象；"双日更"属于"日更"阶段的延续与过渡，毕竟高频率的创作对短视频创作者也是一种消耗，"双日更"依然能让观众加深印象，也为下个阶段做铺垫；"三日更"是短视频账号较为稳定的更新频率，也是目前大多数短视频账号的普遍更新频率。

对于作品的发布时间，虽然没有一个特定的规则，但通过分析大众的普遍作息等，也能得到一定规律，艾瑞咨询发布的《2019 中国短视频企业营销策略白皮书》显示，用户使用短视频产品的时间普遍集中于睡前和工作间歇；与使用时间相对应，18：00 ～ 22：00 是短视频产品被使用最多的时间，12：00 ～ 14：00 的午休时间也分担了一部分使用时间。

创作者固定时间以及频率，并保持一段时间，且维持短视频的质量，可以培养观众的观看习惯，增强观众黏度。

bilibili 相较于抖音和快手有着一定的差异，因为 bilibili 平台本身对观众就有一定的黏度，且 bilibili 相比抖音和快手，粉丝关注时间也相对较长，所以，bilibili 的创作者中除了搬运和转载的视频创作者以外，基本不适用"日更""双日更""三日更"的更新频率，"四日更""周更"或"月更"的频率都有，只要短视频能保持较高的质量，观众流失度就不会太大。

4. 节目的包装

不是随便在视频上加上开头和结尾就可以被称为包装，而是必须根据视频的内容发挥自身提高视频外观的作用。制作包装内容时，务必统一开头、结尾、角落、字幕、介绍条、过渡等色调和类型，注意不要把开头和结尾混为一谈。在进行视频包装设计时，最好把短视频的特征纳入包装，以包装的特征来区分是哪个视频节目。比如，《新闻联播》的开场声音是很特别的，不看画面，只听音频，就能知道这个视频是《新闻联播》。短视频包装不要太复杂、太花哨，要简洁。观众想看的是视频内容中的"干货"，不是复杂冗长的开场。简洁明快的开场更有节奏感，能使观众更快地被视频内容吸引。一般来说，1分钟左右的视频，开头可以是六七秒左右，不要超过 15 秒。对于短视频制作者来说，设计视频的包装时不仅要考虑制作视频的内容，还要考虑放置的领域。科技类评价视频，参与者大部分是男性，科技感强，开场和过渡效果好，能吸引观众的注意。相反，美食领域的参与者大部分是女性，清新的包装更能为观众所接受。当然，这不是固定的，如果在美食领域大部分清新的包装中出现了"另类"包装的美食节目，就更引人注目了。

转场是很多短视频制作者在进行短视频包装时容易忽视的一点，正确地使用转场能起到增强视频效果的作用。剪辑软件大多带有淡入、重叠、擦拭等过渡效果，但短视频制作者大多不怎么使用过渡效果，大多使用无缝过渡，或直接进行生硬转弯。当然，剪辑时也可以利用声音、台词、摄影技巧等进行过渡，这样可以更好地串联起多个视频，控制视频的节奏。

（二）短视频发布的技术要点

1. 画面调整

在发布短视频之前，先要根据不同平台的情况，对短视频的画面进行一些调整。综合视频平台，如腾讯视频、优酷等，因为都是横屏，所以使用正常的画面就可以。但是以抖音、快手为代表的手机端视频平台，因为观众大多是在手机上观看的，而且画面中还有各种 UI 按钮、互动区和评论区等元素，所以需要对短视频的画面进行一些调整。

以抖音为例，在播放短视频时，整个画面可以被划分为以下几个主要区域：

（1）评论输入区。位于画面的最下方，观众可以直接输入对该视频的评论。该区域为全黑色，不显示任何短视频画面。

（2）标题文案区。位于画面的左下方，显示短视频的作者、发布日期、作者写的介绍文字以及背景音乐。该区域以文字的形式覆盖在短视频画面的上面。

（3）点赞评论区。位于画面的右下方，显示短视频作者的头像、点赞图标、评论图标、背景音乐的版权图标等。该区域以图标的形式覆盖在短视频画面的上面。

（4）边缘区。位于整个画面的边缘部分，显示手机的相关信息，如时间、电池情况、Wi-Fi图标等。该区域以图标的形式覆盖在短视频画面的上面。

（5）最佳标题区。位于画面的正上方，可以在短视频画面中添加相关的标题信息。

（6）最佳表演区。位于画面的中间，没有任何遮挡和覆盖，适合在此区域展示短视频的重点内容。

（7）最佳字幕区。位于画面的下方，可以在短视频画面中添加相关的字幕等。

区域（1）~（4）因为有其他元素覆盖，所以，在短视频的画面中不要在该区域添加任何的文字及其他重要信息，以免与该区域的元素重叠在一起。

2.上传视频的要求

调整完画面以后，就可以输出视频并准备上传发布了。短视频平台对上传视频的技术要求基本上都是一样的，以腾讯视频为例，它分为直接上传和安装浏览器控件上传两种形式，具体的技术要求如表4-1所示。

表4-1 视频上传技术要求

视频大小	不安装控件：不支持断点续传，视频文件最大200M 安装控件：支持断点续传，IE浏览器视频文件最大4G，其他浏览器视频文件最大2G
视频规格	常见在线流媒体格式：mp4、flv、f4v、webm 移动设备格式：m4v、mov、3gp、3g2 Real Player：rm、rmvb 微软格式：wmv、avi、asf MPEG视频：mpg、mpeg、mpe、ts DV格式：div、dv、divx 其他格式：vob、dat、mkv、swf、lavf、cpk、dirac、ram、qt、fli、flc、mod
视频时长	不支持时长小于1秒或大于10小时的视频文件，否则上传后将不能成功转码
视频上传标准	支持转码为高/超清，上传的原视频需达到以下标准： 高清（360p）：视频分辨率≥640×360，视频码率≥800 kbps 超清（720p）：视频分辨率≥960×540，视频码率≥1500 kbps 蓝光（1080p）：视频分辨率≥1920×1080，视频码率≥500 kbps

续表

视频处理流程	上传：将视频上传至服务器 转码：上传成功后，服务器将视频转码成播放器可识别的格式 审核：转码完成后视频进入内容审核阶段 发布：审核通过，视频正式发布

3. 上传时间

制作者辛辛苦苦做好的短视频，肯定想挑选一个好的时间点上传。虽然没有"黄道吉日"的说法，但在什么时间上传短视频能够获得最大的播放量呢？

通过对某短视频平台的数据抓取，笔者发现，在正常的情况下，一周7天当中，周五的平均播放量要明显高于其他时间。在一天24小时当中，平均播放量最高的时间则有几个小高峰：早上起床的8点、9点，午休和晚上下班后，12点放学后和17点放学后，以及晚上睡觉前（21点左右），都是发布视频的好时机。而凌晨2～4点由于发布的视频数量较少，平均播放量也整体较高。

所以，相对来说，最好的发布时间是每周五的21点左右。但这只是整体的情况，不同类型的短视频，发布的最佳时间也不一样，如美食类短视频的发布时间可以放在中午或下午，便于观众借鉴视频采购食材等。在发布之前，最好查找一下该领域做得比较好的短视频账号，了解一下其发布时间。

二、短视频的推广技巧

（一）内容引流：垂直细分，打造核心竞争力

近几年，短视频如一场龙卷风般席卷了整个互联网，各个短视频平台都乘着这场风吸引了大量的流量，而在大流量的推动下，无论是企业、电商还是个人，都想分这块"蛋糕"。然而，所有的短视频运营者都面临着同一个问题：什么样的内容才能吸引流量，巩固粉丝？个人运营与团队、企业运营有所不同，个人运营需要突出自己的特色，团队运营需要融入自己的品牌，而这些体现在短视频内容上，就是要垂直细分，打造核心竞争力。

垂直细分，就是指短视频内容要有固定的类型、领域、模式等。比如，选择做情感类短视频，就要坚持做这一种类型，不能随意改成美食类、搞笑类等。

确定了短视频的类型之后，就要确定其他相关要素，并保证这些要素都与短视频内容有关。用户昵称就是短视频账号的一面"招牌"，如"情感语录"这一昵称，就代表了视频里的内容、形象、主题等。

垂直内容代表着背后的一切都是垂直的，大到电商、市场、消费者，小到产品。比如，一个运营号发布的短视频内容是关于萌宠的，产品可以是狗粮，用户必然是喜欢宠物的人。而这些喜欢宠物的人能够在视频中找到乐趣，有了萌宠这个"亮点"，用户才会去关注这个运营号。如果这个运营号改变了视频内容，变成了美妆相关内容，大部分粉丝必然会取消关注。也就是说，短视频内容决定了用户类型，用户类型又反过来决定了短视频内容的垂直性。

互联网发展以来，传统媒体走向衰落的原因是，其用户是被动接收信息的，而在互联网中，用户是主动接收信息的，直接且快速。短视频要做到垂直细分，就要考虑到用户的这个特点，如果随意改变视频内容，其实就是让用户被动接收信息。若用户对信息的选择权大大提升，就会坚持关注自己喜欢的领域，这时，具有垂直度的短视频必然会吸引大量的流量。

垂直细分是短视频运营者的基本功，新手可以从以下三个方面考虑如何打造属于自己的垂直领域：兴趣爱好、专业强项、身份。具体来说，有人喜欢旅游，就可以做旅游类短视频；有人吐槽能力很强，就可以做搞笑段子类短视频；有人刚成为妈妈，就可以做育儿类短视频。

但是仅仅有垂直度还不够，因为同类短视频太多了，这些同类的短视频如果内容相似，甚至昵称相同、风格一致，用户就难以判断出谁优谁劣，不能成功引流，所以短视频内容还要精细化，与同类短视频要有差异。这里的差异主要体现在以下五个方面：

一是内容的独特性。用具有创新性的内容建立壁垒，比如，同是关于英语口语的短视频，一个运营者做的是爱情、情感类的内容，另一个运营者做的是日常交际用语。两者明显不同，用户自然会根据自己的喜好来关注其中一个。

二是人设的独特性。具有亮点的人设能够吸引用户关注，那些具有高颜值的主播就是例子。另外，一些具有创造能力的运营者会创造自己的人物形象。

三是体系的独特性。这里的体系在知识技能类短视频中的表现尤为突出，如书法类短视频运营号，它们的教学体系五花八门，有笔画教学体系、形近字教学体系、字形误区教学体系等。

四是场景的独特性。有些短视频里的场景是旅游胜地，或者是有情怀的村落、学校等。

五是后期制作的独特性。有些短视频具有自己的剪辑风格，有些短视频的封面具有自己的设计风格等。

在流量时代，用户如一阵风，来得快，去得也快。要想用内容引流，垂直是基础，细分是关键，只有让用户看完一个视频感觉不过瘾，还想接着看下面的同类型视频，才能保证核心竞争力。总之，如果你做的是篮球运动短视频，用户看了一个接着又看一个，这样就能吸引用户持续观看，而如果用户看了两三个视频之后忽然发现后面是乒乓球运动，那么势必无法留住用户。

（二）平台引流：利用好平台的短视频矩阵

短视频具有垂直性的内容还不够，毕竟有些内容大众化，有些内容小众化。小众化内容的粉丝不多，运营成本与变现程度不成正比；大众化的内容虽然不愁变现，但是怎样深度挖掘自身潜力是亟待解决的问题。针对这些问题，一些电商、企业、团队想出了部署矩阵的方法，在各个领域中大量吸引流量。

什么是短视频矩阵？其实很简单，矩阵可以看成是由一个个相同的点组成的矩形，而短视频运营者建了很多个运营号，这些运营号就如同一个一个点，不同的是，这些运营号制作的内容不一样，有的专做情感类，有的专做母婴类，还有的专做科普类。

所有部署短视频矩阵的短视频运营者都有一个共同点，就是自身拥有很多功能，而一种短视频只能发挥自己的一两种功能，其他功能得不到利用，而短视频矩阵能让各种功能都得到较大的发挥。比如，一家旅游公司旗下的短视频账号主要有三个：第一个主要做旅行攻略，囊括各大旅游名胜，会按地域播出视频特辑，外部链接是各种当地的特色产品；第二个主要做导购，引领消费；第三个主要做生活类短视频。这三个账号基本覆盖了公司的所有业务，而在这三个账号以外，该公司还有一些小号。员工也会关注这三个大号，积极推动公司短视频的转发量，这就形成了大规模的矩阵模式。短视频矩阵的特点主要表现在以下几方面：

一是矩阵中的每个账号都有清晰的定位，内容垂直不交叉，有的具有带货属性，有的预留广告位，变现方式也不尽相同；二是在视频形式上，运营者不会让人发现这些账号出自同一个运营团队或运营者，如每个账号的视频封面各有特色，但同一账号中的封面风格一致；三是视频中的人物一般不会雷同，如运营者旗下有几个账号，其中两个账号发布的视频都是动漫，一个账号发布的动漫的主人公是两只兔子，内容属于情感类，另一个账号发布的动漫的主人公是布偶熊，内容属于搞笑类；四是各个账号之间会互相点赞、关注、评论、转发，用户在有需求的情况下就会关注这些账号，这样可以将粉丝聚集起来，让其成为运营者的忠实粉丝。

有些运营者在部署短视频矩阵时，还会将内容进行更精细的划分，其代表是"蘑菇街"。蘑菇街是关于时尚美妆类的一站式消费平台，旗下的账号有"蘑菇街""蘑菇化妆师""蘑菇搭配师""菇菇来了""菇菇街拍"等，在其类型本已很垂直的基础上又进行了细分，使用户人群更具有针对性。比如，"蘑菇街"是这个矩阵中的"领头羊"，内容比较丰富，包括女生穿搭、化妆等多个领域，而"蘑菇化妆师"是专门分享化妆、发型技巧的。这些账号的粉丝数量或多或少，运营者会根据粉丝数量等数据做出相应的决策。

正是由于短视频矩阵可以稳定自己的粉丝群体，越来越多的人想挤进矩阵之中，但是由于没有经验，会引发很多问题。比如，有人以为短视频矩阵就是多建几个账号，多起几个昵称，而短视频内容极其相似，甚至相互照搬；再如，有一些时尚类短视频，账号很多，但在这几个账号里可以见到相同的短视频。平台是有查重机制的，如果发现某条短视频发布过多，就会减少推荐，或者认为你有抄袭嫌疑，严重的甚至会被封号。还有一个误区是各个账号之间不断地互相点赞、关注、评论、转发。企业运营者之所以创建很多小号，就是用来为大号点赞的，大号之间不会刻意点赞，因为平台有防止刷赞行为的监测机制，一旦认定该账号有刷赞、刷评论的不良行为，就会降低对账号的推荐量。

短视频矩阵非常适合企业，但不是说个人就不能做，哪怕是在资金不充裕、精力有限的情况下，个人在单一平台上做短视频矩阵也是可以的，因为在单一平台上可以有效地把握平台规则、用户画像，运营起来效率非常高。

多账号运营也需要调研分析，不是任何内容都可以做的，最重要的前提是自身要有这方面的能力和精力，然后要分析用户的喜好、需求等，分析有没有必要做短视频矩阵，如果某一方面的用户太少，那就干脆不做。

（三）渠道引流：多方推广，轻松获取大批粉丝

短视频矩阵除了有在单一平台上的多账号运营方式外，还有多渠道运营方式。在火爆的短视频平台出现后，一些运营者抢占先机，在平台里"遍地掘井"，以1厘米的宽度，掘到了1万米的深度，深深地收获到用户带来的"水资源"。而在各个平台"遍地开花"的情况下，运营者不懈的追求，是决定账号能够继续获得收益的关键。所以不少运营者在平台引流的基础上，还会利用渠道引流，在以内容圈粉之后，再以渠道圈粉。

1. 视频渠道

视频渠道包括爱奇艺、优酷等常见的视频网站，还包括不同的短视频平台。多渠道运营的好处是通过不同平台扩大影响力，大范围吸引粉丝，进而增加流量，提高变现基数。渠道引流的具体操作方法就是在多个平台上建立账号，可以是一个账号，也可以是多个账号，根据各个平台的具体情况发布短视频。但是，渠道引流是需要资金和人力的，所以在这方面做得好的往往是一些大公司。

类似于多账号运营，多渠道运营也要调研分析用户需求，如果该平台的用户与自己的短视频没有契合点，那么在该平台上投放视频纯属浪费精力，不如放弃。针对目标用户，多账号运营是根据其不同的需求做不同的垂直性内容，而多渠道运营既要吸引相同类型的用户，也要吸引目标周边的用户。例如，某运营者在抖音上发布美妆视频，用来吸引爱美的年轻女性；在"日日煮"平台上发布美食视频，用来吸引爱好做菜的年轻女性。这样通过不同的平台扩大用户范围，再通过平台之间的互推，就能将用户牢牢地留在自己旗下。

2. 微信等社交渠道

多平台运营的原因是，不同的用户喜欢使用的平台不同，多平台运营也不限于短视频平台。调查显示，微信等聊天软件的用户基数非常庞大，而且用户年龄不像短视频平台那样有严重的倾向，这是一个巨大的营利风口，所以运营者也要在微信等聊天软件上主动占位。

类似于微信的软件有很多，且用户数量庞大，所以在这些平台上运营的目的主要是吸引新人，运营者可以在公众号上发布主流短视频平台上的视频，利用聊天软件极强的分享功能，促使用户转发，以实现品牌传播。利用微信的群

聊功能，可以让粉丝建群，在群里发布短视频，加强粉丝互动，从而提高用户黏性。微信用户转发的短视频具有鲜明的特点，这些短视频要么是奇闻趣事，要么是朋友间的共同喜好，并不具有垂直性。这和微信的聊天功能有关，这些短视频能够促进话题的进行，所以，在微信里面发布的短视频也应符合聊天工具的传播规律。还有一点：微信用户中的中年人、老年人大多害怕受骗，不会为短视频内容买单，但他们是短视频平台还未充分挖掘的受众，就像微信起初也只有年轻人用，后来他们的父母才跟着使用一样。短视频平台如果能找到适合中年人的内容，就可以充分发掘其价值。

3. 浏览器等推荐渠道

除了社交平台，资讯平台、浏览器客户端也可以引流。这些渠道很适合新手，因为刚开始运营时，运营者的知名度不高，这些平台的推荐机制可以带来一些用户。当然，成熟的运营者也可以利用这些渠道，只是需要考虑这些平台的用户画像。比如，今日头条的用户中有很大一部分是 30 ~ 40 岁的中年人，在这个渠道上发布相关视频就会大大提高产品的曝光率。

4. 淘宝等购物平台

淘宝等购物平台也可以投放短视频，这些平台只适合投放商品类短视频，其他类型的短视频如果不带货，就没有必要发布在这些平台上。不过，根据短视频的发展趋势，淘宝等购物平台也可能会大力推广短视频，所以运营者需要跟踪这些渠道的进展，以便在这些渠道发生变化时及时加入。

5. 安全软件等渠道

在短视频浪潮的冲击下，各类平台都想分一杯羹，它们都不想只专注于一项功能了。因此，有些安全软件就推出了一些新功能，包括为用户推荐短视频。虽然至今有些用户还没有适应，但推荐的短视频只要能吸引眼球，用户就会点击观看，所以这些渠道适合投放一些内容新奇的短视频。

由此可见，多渠道运营要根据自己的运营目的选择渠道，如果只是想提高短视频的知名度、播放量，那么几乎每个渠道都可以利用；如果是想吸引目标用户，就要有选择性，该放弃的就要放弃。比如，运营者要想提高知识付费产品的销量，就没必要在美拍上面运营。而且，在进行多渠道运营时，要考虑不同渠道的特点，有些渠道很重视情怀，有些渠道很重视互动，有些渠道很重视知识，所以要针对各渠道不同的特点采取不同的应对措施。

（四）线下引流：传播稳定，收获大批精准用户

在互联网购物刚刚起步的那段时间里，很多实体店都感受到了网络的巨大冲击，但也只能眼看着自己的市场被挤占得所剩无几。然而，"世上没有不好做的买卖，只有没头脑的生意人"，很多生意人将网络当作推广产品的渠道之后，生意便又有了转机，而随着时代的发展，本来是推广的渠道却变成了主流渠道，实体店反而变成了引流的渠道。

线下引流包括传单、站牌广告、地铁广告、体验店等形式。这些形式往往是大公司吸引用户的手段，效果也不明显，特别是图文广告的形式，越来越没有吸引力，所以线下引流该如何操作成了运营者不得不认真考虑的问题。

有些创业者或个人运营者想到了不错的引流方式。他们借助小商家的力量，与其合作，打通了生意渠道。比如，某个旅游视频运营者在饭店里吃饭时发现，这个饭店的餐桌很容易脏，服务员打扫起来很费劲，于是他灵机一动，和饭店经理谈起了合作。他提出在饭店的餐桌上贴上易清洁的塑料纸，这些塑料纸可以由他来提供，并承诺定期更换，只是这些塑料纸要印上自己的广告，饭店经理感觉这对自己有利，便同意了。后来，来该饭店就餐的人发现桌面上有广告，且广告非常吸引人，扫描广告上的二维码后感觉内容也不错，就持续关注了这一短视频运营者，该运营者就这样吸引了大量的用户。

由此可以看出，线下引流可以和店铺合作。首先，只要店铺的业务和自己的短视频内容没有冲突，并会给店铺经营人员带来一定的利益，店铺经营人员肯定会乐意帮助引流。其次，与店铺合作也需要定位用户，根据用户选择引流的店铺。比如，用户是年轻的白领女性，自己的产品是美妆类的，这时和小饭馆合作，效果就不会好，因为年轻的白领女性一般不会随便找个小饭馆吃饭；但如果产品是奶茶，就可以选择和美容店合作，让进店的顾客免费品尝奶茶。美容店经营者会认为这是招揽顾客的手段，而且自己还可以从中获得利益，肯定会帮忙推广，而做美容的顾客在等待的过程中为了消磨时光，认为这是美容店的活动，大多不会拒绝。最后，就是要推广短视频，收获到用户后，可以让用户观看自己创作的短视频，只要用户认可，自然就会关注。

但是线下引流会耗费大量的精力，所以线下引流的关键期只有几天时间，剩下的时间就要让代理去做了。这些代理可以是店主、店员等，可以分给他们

一些红利，让他们帮忙推荐自己的短视频。比如，某个运营者看到理发店里有几台小型移动电视，平时只播放一些无关紧要的广告，等待理发的人无聊了会看几眼打发时间。于是他就和理发店的人员提议，让他们播放自己的短视频，自己会相应地给予他们一些报酬。就这样，这个运营者根本不需要自己推广，就收获了很多用户。

小商店毕竟分散，收获的用户只限于小范围内，要想大规模地吸引用户，还是要利用会展等。主动开办会展的一般只有大公司，他们的会展比较高端，富有现代感、科技感，人们会被亮丽、豪华的空间设计所吸引，会展中还有免费体验活动等，可以获取大批精准用户。小团队和个人运营者虽然不能举办大型展，但是可以借势推广。比如，一家公司在做 VR 体验推广活动，一位短视频运营者发现进去体验的人寥寥无几，而这家 VR 体验馆租借的场地非常大，他推测他们一定会亏本，就前去和他们谈合作，希望在体验馆的门口推广自己的游戏短视频，并帮助 VR 体验馆招揽顾客，同时给予 VR 体验馆一定的报酬。VR 体验馆的经理正在思考怎么止损，听到对方有合作的意愿，而且可以为自己吸引更多顾客，立即答应了。短视频运营者的视频非常吸引人，有很多在体验馆前逗留的顾客被吸引了过来，而路过的人们看到这里很热闹，出于跟风心理，也凑了过来，其中有不少人被短视频调动了体验 VR 的热情，选择进入体验馆。

通过以上例子，我们可以发现，在市场日新月异的今天，普通引流手段已起不到什么作用了，在线下引流时必须具有足够的创新思维，才能收获精准用户。

（五）福利引流：优惠活动推送，提高用户转化率

我们经常可以看到一些微信公众号为了推广引流送出一些福利，福利有小礼品、个性签名、资源、课程等。对于在某一方面有需要的人来说，这些福利是非常有吸引力的，这些人想要得到福利，就要评论、转发、请他人关注等。一次活动结束后，公众号往往会收获成千上万的粉丝。

到了短视频时代，福利引流也被看成涨粉、变现的重要手段。比如，淘宝里的短视频播放过程中经常有发红包、抽奖等福利，这些福利要求用户在观看一定时长之后才能领取。而且，淘宝会在重要的营销日举行活动，用户要积攒

淘宝指定的活动道具，而有的道具必须到淘宝短视频中获取，这就起到了推动用户关注短视频的作用，而用户获得的红包只有购物时才能用，又极大地促进了用户的消费。

1. 红包福利

有些平台借助红包拉拢用户，如用户关注之后有礼物、红包，这些福利都会激发用户参与的热情，促使用户转发，掀起一波又一波的关注热潮。但是短视频采用这种方式并不是很可靠，因为用户可以随意关注，也可以随意取消，有些用户得到礼物后就立马取消关注或者退出观看，这对涨粉率和转化率都有很大的负面影响。有些平台的推荐机制会根据掉粉率限制推荐，这对短视频账号来说是致命打击，所以短视频运营者很少会采取这种方法。

2. 抽奖福利

用户都有一种对福利的向往之情，这是出于人对利益的本能追求，所以平台上面的福利活动会让用户不停地观看视频，并在利益的驱使下转发、分享。基于用户的这个特点，有的平台研究出了新的福利形式，抛弃了原来的全民红包形式，改为抽奖活动，因为红包对所有用户都有吸引力，用户为了得到红包，可能会关注自己不喜欢的短视频，在得到红包后再取消关注。而采用抽奖形式，只有奖品对用户有吸引力时，用户才会关注，这就解决了用户针对性的问题。这些平台的具体操作是将短视频运营者的商品放在首页，并进行图片轮播，用户在看到自己喜欢的商品后就会点击观看短视频，观看完视频后才可以抽奖，这样就提高了用户的参与度。

虽然抽奖活动不是新鲜的引流策略，但是短视频的抽奖活动具有以下特点：第一，奖品图展现在用户面前，并进行轮播，用户可以更加直观地选择自己喜欢的奖品；第二，奖品的信息包括奖品的名称、各种参数等，用户可以了解到产品信息；第三，奖品可以反映视频内容，从而节省用户的时间；第四，抽奖形式不再是观看视频领取奖券，而是需要用户点赞、转发，用户会为了心仪的奖品而深度参与活动；第五，奖品会附带购买链接，用户在充满热情的状态下，会快速购买，从而提高成交率。这种福利引流的模式可以降低运营成本，获得较大的关注度，从而进行高效引流，而用户只需要付出时间成本就有机会得奖。

3. 其他福利

除上述方法之外,短视频运营者还有一些其他的福利引流方法。比如,某运营者做的是书法类短视频,就可以在微信公众号上经常发布一些福利活动,让用户点赞、转发,再根据用户的表现送给用户字帖、钢笔等礼物;还有的运营者是做知识付费产品的,他会根据用户的转发量给用户发放知识产品,但不会一次性发完。比如,某 PS 视频课程运营者会根据用户的转发量先给用户提供几节课,等到用户的转发量及其他指标增加至一定数目后,再发给用户几节课程,从而持续调动用户的积极性。但是电子产品与实物产品不同,如果用户得到电子奖品后又将其分享给他人,就会给运营者带来无形的损失,所以某些运营者想到了在电子奖品中加入时间限制,电子奖品过了期限就会自动失效;或者限定奖品不可分享给他人,这些技术都给福利引流带来了保障。

短视频日渐成为人们获取信息的主要渠道之一,在短视频平台上的消费也将成为人们的主要消费方式之一,所以短视频福利引流是为日后进一步发展奠定基础的,运营者切不可忽视这种引流方式。随着技术的发展,还会有更多的福利引流方式,如何以最低的成本达到最高的效果是其中的关键。

(六)广告引流:在各大自媒体平台穿插广告

短视频运营者也需要用广告吸引用户,特别是在短视频刚刚兴起的时候,运营者会将短视频的广告投放到微信、微博等社交平台上,利用这些平台用户流量大、传播性强的特点,扩大自己短视频的影响力;也有些运营者会将短视频进行包装之后投放到传统视频平台上,如腾讯视频、爱奇艺等,以片前广告的形式出现;而浏览器作为广告的集中地,自然也少不了短视频广告。

1. 微信、微博等社交平台广告

微信、QQ 是短视频最早的广告阵地,如"陈翔六点半"最早是凭借 QQ 空间里的广告让很多人知晓的。这些社交平台是人们社交活动的集散地,人们为了了解彼此,经常浏览 QQ 空间、朋友圈,广告商也看准了这块"风水宝地",强势插入广告。等到微信公众号火爆的时候,有些运营者看到了推广的良机,在自己的公众号还没有为大众所熟知的时候,借助比较火的公众号打起了广告。这些广告可以放在公众号文章尾部,也可以插在文章的中间位置,也有的广告本身就是一篇文章。有些微信文章的阅读量上百万了,但是其内容就是一篇广告，很多人看过之后还会收藏、转发，这些广告不是简单的广告，会让用户看完之后大呼精彩。

这些广告常使用同一种套路，即标题中看不到广告的信息，而是用户感兴趣的内容，而且文章的前半部分都是在极力描述用户感兴趣的话题，但是后面会忽然转移话题，落到广告上。用户在看前面的部分时感到很尽兴，忽然看到广告，心里会产生落差，但是这种心理落差会给他们留下深刻的印象，这就是自媒体时代的"神来之笔"。有些短视频运营者抓住了公众号火爆的节点，利用这样的广告吸引了不少用户。

2. 爱奇艺等视频平台广告

有些短视频运营者会和爱奇艺、优酷等视频平台合作，在视频开播前播放广告。但是不同于微信公众号，视频平台用户是为了观看目标视频，对片前广告很是反感，虽然这些片前广告不乏优秀作品，但很难让观众记住，所以短视频运营者和广告商采取了很多策略，如利用广告内人物的颜值吸引用户，并且广告短片的主要人物和短视频的主人公是同一人，广告中还会出现短视频的主要信息，这样就能较轻易地使广告内容入脑、入心了。

3. 短视频自媒体广告

有些运营者建立了很多短视频账号，不同的账号运营不同的内容，他们会在一个账号中给自己的另一个账号打广告。比如，一家公司主要是做游戏的，他们为了推广公司开发的游戏，在主要账号上做关于游戏的短视频，但是由于游戏的知名度不够，短视频少有人问津。后来，他们又建立了一个账号，这个账号专门做搞笑类短视频，并在视频最后由主播推荐游戏，邀请用户观看游戏视频，不少用户会抱着试玩的心态进入游戏。这样他们就达到了自己给自己打广告的目的。

4. 浏览器平台广告

短视频肯定会在浏览器平台上推广引流，不过浏览器的广告很多，而用户搜索的信息也千差万别，如何吸引用户的注意力是在浏览器上打广告的重点。网络用语层出不穷，不少用户会搜索新出现的词语，这时把短视频广告的关键词尽量贴近新生词是一个不错的策略。

浏览器还带有弹窗，其内容大多是新闻或者娱乐八卦，当然也有广告位，不少用户会嫌弹窗烦，也有用户只看弹窗的前几页，所以在弹窗上面做广告更需要功力，不然会导致引流失败，白白浪费成本。这些弹窗上面的广告有的只有标题，有的有标题和封面，需要研究这两方面怎样吸引用户注意。

在自媒体已成为成熟的商业渠道后，怎么用广告引流成为商家要重点思考的内容。自媒体时代，内容是吸引用户的根本，新奇、有价值的内容才能让用户不反感，内容垂直是增加用户黏度的必然选择，根据用户画像插入广告才能提高转化率。

第五章　短视频的领域分布及价值影响

第一节　短视频的领域分布

一、母婴

现如今的年轻父母每天会花费很多的时间在社交媒体上。他们希望从中获得一些有价值的育儿知识点，用更快、更丰富有趣的形式获取育儿知识。想让用户能在一两分钟内直观、有趣地了解育儿知识点，短视频就是一个非常好的方式。

"十八楼豆豆"的创作者是一位喜爱做美食的"奶爸"，定期分享"奶爸"必备的各种常识；"宝妈享食记"是由孩子和妈妈一起完成的美食分享短视频，每期介绍一道菜简单快速的做法。这两个账号都是该领域排名比较靠前的账号。

这些账号都专注于小的问题、小的知识点，用短视频的方式呈现出来，如"第一次带宝宝坐飞机要注意什么""如何挑选奶瓶""如何做辅食"等，值得宝爸宝妈们关注和学习。

二、旅游

短视频能非常好地展示旅行目的地的真实全貌。一个三分钟的短视频足以充分还原一个旅行地的概况或好玩的项目。

在旅游类短视频领域，最值得一提的三个账号分别是"冒险雷探长""环华十年"和"麦小兜开车去非洲"。"冒险雷探长"账号发布的是一档环球探索纪录片，记录"雷探长"在世界各地带着探索的好奇心走进当地的人群中，并分享一些感触。"环华十年"账号发布的是"培根"分享自己十年来"穷游"中国的记录，里面包含各种自驾游时会遇到的突发情况和处理方案。"麦小兜开车去非洲"账号发布的是一车两人自驾到亚洲、欧洲和非洲旅行的全程视频记录，也会搭配一些美食和生活经验分享。

三、搞笑

在互联网上，很多人最初选择观看短视频是为了放松，所以搞笑类短视频成为很多内容制作者争相抢占的"赛道"。比较有名的搞笑类短视频播放量都在 500 万次左右。

四、科技

近年来，科技类短视频在观看量上一路走高，虽然还属于"小众"短视频，但是调查显示，其在短视频流量市场中的占比已经达到近四分之一，流行程度直逼现在火热的美妆时尚类短视频。

在我国，科技类短视频账号比较出名的有"ZEALER""无聊的开箱"和"科技美学"。"ZEALER"提供有深度的电子产品测评和独立客观的第三方资讯，测评涉及 Android、iOS 以及 Windows 系统，该账号坚持为用户做高质量的产品评测。"无聊的开箱"账号做的是一档号称无聊但严谨的开箱节目，打开一些最新的科技产品，向观众介绍这些产品的特点和使用体验。"科技美学"账号同样是对数码产品进行测评，为用户购买数码产品提供一些有用的信息，方便用户选择数码产品。

五、少儿

与母婴类短视频火爆的原因类似，新时代的父母在选择玩具、与自己的孩子相处的时候，需要一些参考和指导，少儿类短视频自然被很多家长关注。

我国目前比较受关注的少儿类短视频账号有"小伶玩具""豆乐儿歌"以及"奇奇和悦悦的玩具"。"小伶玩具"是可爱姐姐"悦儿"通过热情、有趣的表达，向用户介绍世界各地很多好玩的、新奇的玩具，她会在视频中介绍很多玩具的使用场景。"豆乐儿歌"介绍新儿歌，陪伴孩子成长，每首儿歌配一个小故事，通过亲子游戏，让儿歌更有趣。高品质、独特的原创儿歌，充满想象力和创造力的故事内容，用通俗易懂的方式表达，使家长和孩子能够随时进行简单的游戏。"奇奇和悦悦的玩具"是两个动画人物"奇奇"和"悦悦"向大家介绍他们的玩具及亲子游戏，帮助家长更好地和孩子互动。

六、娱乐

娱乐也是人们生活的"刚需"，很多娱乐类短视频正好满足了人们的这一需求。

在娱乐领域比较有影响力的短视频有"橘子娱乐"和"Big磅来了"。"橘子娱乐"是面向4亿18～25岁的年轻群体，提供优质原创内容的新型传媒公司。目前，"橘子娱乐"的原创内容已覆盖明星娱乐、时尚、影视、生活、美妆、搞笑GIF等年轻人感兴趣的泛娱乐领域。"Big磅来了"是腾讯娱乐推出的一档主持人出镜的娱乐资讯播报节目，网罗全网娱乐热点，在工作日的清晨将重磅的娱乐新闻资讯带给观众。

七、影评或剧评

用短视频的方式来呈现一部电影或一部电视剧的核心内容和看点，是一种很自然的拍摄短视频的方式。在这一领域比较有影响力的短视频有"穷电影""刘老师说电影"和"荐客解说"。

八、运动健康

在运动健康类短视频中，有"硬糖视频"这样的科普性视频，还有"小米德州扑克"这样的解说类短视频。

九、生活资讯

现代人有很多不同的生活资讯来源，也希望能见识更多不同文化背景下的人的生活方式和有趣的事。在生活资讯领域，"我是郭杰瑞""二更"和"妙招姐"都是高质量短视频的提供者。

第二节　短视频的价值影响

一、文化价值

随着短视频的流行，一些城市的受欢迎程度提高，旅游业得到显著发展。2018 年 9 月，抖音的官方数据显示，在城市形象方面，短视频播放量排名前三的城市是重庆、西安和成都。

网友们因为想要亲身体验"摔碗酒"而来到西安；重庆轻轨 2 号线在李子坝站"穿"居民楼而过，山城的复杂地形造就了全国绝无仅有的震撼景象，网友们纷纷来到现场一睹为快；以美食而闻名的成都在抖音上也成了"网红"城市，无论是宽窄巷子、锦里，还是一家普通火锅店或其他小吃店的打卡短视频，都有着极高的点击量。

值得注意的是，抖音中另一个"网红"省份——贵州也在快速崛起中。2018年上半年，贵州的 GDP 增速为 10%，是唯一一个增速达到两位数的省份。

这些城市的"一夜成名"并非偶然，很多现象级的短视频也是在官方做了很多努力之后（如改善景点的环境、服务和宣传等）才有的结果。

在以往的传播观念中，市民是独立的主体，市民巨大的传播潜力一度被忽视。如今，市民传播已经构成城市传播的中坚力量，而以市民为传播主体的短视频生产迅速发展起来，在城市的文化价值传播中占据越来越重要的位置。

另外，短视频的兴起也带动了更多人关注传统文化。故宫的文创产品、马未都的《博物奇妙夜》等新形式的传播都给传统文化注入了活力，引发了巨大的传播效应。2018 年 10 月的"抖音美好奇妙夜"就是一个很好的例子。

在产品的海外运营实践中，抖音发现海外用户对中国的传统文化非常感兴趣，如太极、扬琴、刺绣和大熊猫等，这些标准的中国元素在海外都有不错的数据表现。

优秀的传统文化有着丰富的文化内涵，之前由于传统文化的准入门槛高，一般受众难以参与和融入，传统文化的传承人难以获得收入去维持生计，更谈不上创新性传承了。

互联网的出现大大降低了传统文化的准入门槛，尤其是短视频等表现形式的兴起，使普通民众也能够便捷地了解优秀的传统文化。与传统的师徒传艺等方式相比，互联网平台为用户提供了更多、更好的学习和传承优秀传统文化的方式。

二、商业价值

从线下经济时代开始，经历了 PC 互联网，到移动互联网时代，每一次技术的进步都会带来新的商业机会和价值。例如，借助"创意"走红的"海底捞"，网友们专注研究如何用最少的钱吃到最好的东西，于是开始了一场吃海底捞的"创意大赛"。又如，郑州的奶茶品牌"答案茶"原本名不见经传，却因为一条短视频，门店在一夜之间被挤得满满当当，买奶茶的队伍从早到晚一眼望不到头，其原因就在于"答案茶"借助抖音平台，极大地宣传了品牌的特色，"回答"模式是顾客在纸杯上写下一个自己心里的问题，掀开茶盖的时候即可获得一个"答案"。这种极具创意的营销方式，再配合抖音强大的传播效果，造就了该店的"一夜爆火"。再如，秋叶团队以教授 PPT 相关知识起家，后来涉及 Office 的全部领域，2018 年开始做"妈妈点赞"母婴类短视频和周边产品。该团队关于 Office 的抖音账号有"秋叶 Excel""秋叶 PPT"和"秋叶 Word"，关于母婴类的抖音账号有"不急不吼养孩子""儿童语言派"和"育儿小百科"。这些抖音账号带动了周边图书和产品的销售，帮助其实现了商业价值。

通过以上案例可以看出，短视频在商业上的运用越来越多，这正是短视频行业越来越好变现的体现，未来短视频将会有更大的商业价值。

第六章　短视频的运营

第一节　短视频运营的数据分析指标

一、固有数据：发布时间、视频时长、发布渠道

在短视频运营中，数据有着很重要的作用，如抖音上面的短视频都有时长限制。就像专业赛跑一样，每个选手的起跑时间、到达终点的时间都会有记录。短视频的数据可以帮助我们指导下一步工作。其中，固有数据是指在上传短视频的过程中不会因外部因素变化而改变的数据，这些数据只和视频本身的特性有关，如发布时间、视频时长、发布渠道等。

（一）发布时间

发布时间就是短视频制作者将视频上传到平台的时间。短视频平台和微信朋友圈的功能相似，都有记录发布日期的功能，方便将短视频进行排序、整理。

此外，最重要的是发布时间的确定。一天中，在什么时间发布短视频是有讲究的。比如，一天中大部分人下班之后的时间段是黄金时段，这个时候发布

的短视频会有大量用户浏览，而上午发布的短视频本来看的人就少，到了晚上，又被后发布的短视频覆盖，用户由于审美疲劳，大多会错过上午的短视频。还有研究发现，周末未必是上网流量最大的时间段。

如此看来，发布时间对短视频的播放量有很大影响，因为发布时间与用户的作息时间密切相关。比如，上班族一般只有晚上有时间，而学生在午休和没课的时间段会观看短视频，"购物狂"会在"购物节"大量观看短视频。另外，具有情怀的短视频在与其相关的日子里发布就会得到大量关注。

在短视频运营过程中，了解用户的作息时间、兴趣爱好等是提升点击率的重要手段，后台都有数据可以参考，我们可以借助这些数据分析用户点击视频的类型和观看时长，还可以"主动出击"，向用户发送调查问卷，充分了解他们的喜好与空闲的时间段。

（二）视频时长

视频时长就是短视频的时间长度。各大平台对视频时长有不同的限制。视频太长，用户就会没有耐心看完；视频太短，又不足以阐明剧情，用户可能刚看清视频主角是谁就结束了。

所以，短视频的时长决定了视频的信息浓度，录制、上传的短视频一定要提高信息浓度，去掉无关信息，保证最合适的时长，这是短视频成功的关键所在。把握好最佳时长才能让用户喜欢，从而提高关注度，获取流量。

（三）发布渠道

短视频的发布渠道就是上传短视频的专门视频网站或平台。有些短视频的内容很优质，但是发布到某平台上之后点击率并不高；而有的短视频内容很普通，传到视频网站上之后却有很高的播放量。其原因和视频发布渠道有关，因为渠道不同，推荐机制不同，观众也有所不同。

在有些平台上，短视频制作者上传的短视频是要经过相关人员筛选的，他们会依据短视频的内容、质量分类排序，如爱奇艺、优酷等视频网站；有些平台则不需要人工处理；有些平台，如微信朋友圈的更新，最新上传的短视频会显示在最前面的位置；有些平台是根据短视频上传者的粉丝数、关注度、点赞量、评论量、转发量等进行推荐的，如抖音、美拍等。虽然短视频的观众大多数是"80后""90后"，但不同平台的用户定位是有差别的。美拍、快手、抖音等社交类平台主要是满足用户的社交需求，娱乐性很强，所以观众一般是年轻人；专注于模仿、K歌的功能性平台的用户一般有某一方面的爱好；还有一种专注于做新闻资讯的平台，此类平台的用户不是为了娱乐，而是寻求有价值的信息。

二、播放量相关指标：对比同期短视频和相近题材短视频的播放量

短视频的播放量是衡量短视频热度、传播率的重要指标，与畅销书的销量、电影的票房一样，可以反映短视频的质量、吸引力和流量转化率。对于同期的短视频和相近题材的短视频，观众会倾向于选择播放量高的短视频，而运营平台也会选择高播放量的短视频进行推荐。

播放量基本是按观众点开短视频观看的次数来计算的，如果一个人点开短视频观看了5次，该短视频的播放量就会增加5次。短视频制作者对自己短视频的播放量最为关注，短视频总体播放量少，说明自己的知名度不高，或者短视频内容太乏味。某个短视频播放量低，说明转发率低，或者该短视频内容的质量不高。那么，如何查看播放量呢？抖音的播放量查看方法如下：点击右下角"我"，进入个人中心，"作品"一栏里就是自己的作品，每个视频的左下角就是播放量。快手的播放量查看方法与抖音的基本相似，点击进入个人视频界面，点开自己的作品，作品下方就会显示播放量。

如果人们在不同的平台上传了同一个短视频，势必要了解同一个短视频在不同平台上的播放量有什么差距。比如，某短视频在抖音上的播放量是20.5万次，在快手上是36.2万次，在美拍上是12.6万次，说明这个短视频在快手上传播得更快。如果只在抖音一个平台上发布了短视频，可以每天、每小时计算一下播放量。比如，发布短视频后，第一天的播放量是5600次，第二天是15.2万次，第三天是7.9万次，说明第一天发布的时间可能有问题，很多人没有观看，而第二天达到流量高峰，很可能是因为第二天是节假日等特殊日子，很适合发布短视频。认真记录每小时播放量的变化，还可以发现哪个时间段是人们上网观看短视频的最佳时段。

此外，平台上还有很多相近题材的短视频，分析这些短视频的播放量，可以发现自己短视频的优缺点。比如，抖音上某条短视频是主人公随着背景音乐起舞，播放量是 26.3 万次，而采用相同背景音乐的其他舞蹈短视频的播放量是 39.6 万次。播放量存在差距的原因有很多，可能是短视频制作者的知名度不够，也可能是舞蹈本身不够吸引人。这时可以看评论区的网友的评价，就能大致知道什么地方需要改进了。

经过对比我们发现，影响短视频播放量的因素有以下几种：一是短视频的类型和平台的匹配程度；二是短视频的原创度，如果短视频与他人的创意雷同，就算其他方面很优秀，只要用户看出来该短视频是模仿他人的，就很难点击观看；三是关键词，关键词对应的是用户的需求、喜好，如果短视频内容非常好，但是关键词没有选对，没人搜索，那么播放量就不会高；四是短视频的推荐度，平台会根据各个数据判断短视频是否值得推荐，如果平台不予以推荐，用户看不到，自然不会有较高的播放量；五是上传渠道的数量，虽然有些渠道并不适合某类型的短视频，但是只要有人点赞、转发，就会收获播放量，所以不仅要选对流量大的渠道，还要多渠道发布视频；六是上传短视频的频率，上传视频的频率要尽量一致，这样，第一时间看短视频的人数就会保持在一定标准。

因为短视频受限于平台的推荐机制，短视频制作者自己无法控制，所以要主动推广自己的短视频，如可以请好友帮忙点赞、关注，还可以利用自己的社交平台推广短视频。在自媒体时代，我们身边很多人都是"流量大咖"，请他们帮忙推广是不错的选择。

短视频中最好能高频出现昵称、主角名字等，有些用户偶然看到一个短视频，感觉很喜欢，但不知道主播昵称，就会搜索短视频中的人物，在浏览器上搜索的次数多了，浏览器就会推荐相关短视频，这也是间接推广的手段。

在自媒体时代，"蹭热点"是最好的手段，因为热点本身就是关键词，搜索量非常大，采用这种推广手段，播放量极有可能提高。

短视频平台本身就是用来社交的，所以对于用户的评论，要及时回复，用户看到你的回复很有可能会非常高兴，并很有可能会为你点赞、转发，进而升级为你的忠实粉丝，帮你提高短视频的播放量。

三、播放完成性相关指标：播完量、播完率、平均播放进度

如果播放量等于电影票房，那么播放完成性指标就是影院的"逃跑率"和"睡觉率"。电影上映并不是电影的最终目的，短视频的上线播放也不是它的最后一站。播放完成性指标能反映视频的效果，平台会根据这些指标确定是否再次推荐某视频，还可以发现用户在哪节会退出观看，也就是说，播放完成性指标对改进视频质量有一定的参考价值。

（一）播完量、播完率

播完量是指用户点开短视频，从开头看到结尾的次数；播完率是指播完量除以点开视频的次数的值。这些数据对平台有重要的参考价值，平台可以根据这些数据做出是否推荐短视频的判断。比如，播完量和播完率都很高，证明这个短视频很受大众喜欢，平台就会对其进行再次推荐；如果短视频的播完率很低，就证明用户在短视频播放中间就退出了，或者表明短视频不受欢迎、剧情拖沓，或者表明短视频中有让用户厌烦的东西，平台就不再推荐了。

通过分析发现，快节奏的短视频更受用户欢迎，最明显的就是技能类短视频。比如，在短视频中讲解计算机的使用技能，有些短视频制作者害怕用户看不清或记不住重点，一句话要重复三遍，这会让用户感觉很不舒服，这种短视频的播完率就不会高。所以，这种短视频，讲解者说一遍、说清楚就足够了，不要画蛇添足，如果用户没记住，会再次点击播放。还有一些内容不适合快节奏播放，比如，有些幽默的段子前面要做"包袱"，如果节奏太快，用户还没反应过来，"包袱"就"抖"了出去，效果不会太好。对于这种短视频，可以进行后期制作，加入一些特效、字幕，帮助用户理解，留下"抖包袱"的时间，前面的内容再包装一下，给用户营造快节奏的氛围。

符合用户口味的短视频播完率更高，因此，在制作短视频之前要做用户定位，根据用户定位来确定短视频的一系列属性。比如，用户定位为男性，那么在短视频中可以引入科技元素，背景乐也可以用摇滚乐，还可以在短视频的片头做出炫酷的效果等；如果用户具有某种风格的情怀，就可以在短视频中加入美景或者古建筑外景等。

而那些播完率低的短视频，存在的问题有以下几种：一是内容拖沓、无聊；二是用户看不懂；三是内容与封面不对应，给用户造成心理落差；四是内容类型与用户期望的内容不符。比如，某个短视频被发布在抖音上，用户潜意识中认为抖音播的是娱乐类短视频，点进去却发现是古董鉴赏，就会立即退出。研究播完量、播完率，就是要分析短视频中出现了哪些问题，从而对症下药。

具体来说，虽然美观的封面有利于增加点击率，但是不能弄虚作假。还有一些短视频的标题很吸引人，但是内容很平庸。其实，这种短视频有改进的方式，如可以一直拍摄人物的背影或者侧脸，在短视频最后将正脸转向观众，因为观众开始时看不到人物的正脸，就会一直保持好奇心，把短视频看完。

（二）平均播放进度

平均播放进度和播完量、播完率密切相关，也是平台推荐机制的依据，如果平均播放进度低，平台就会认为这个视频有缺陷。了解平均播放进度也有利于分析某个短视频的缺陷存在于哪个位置。

四、互动数据：评论量、点赞量、转发量、收藏量

用户观看了平台上的短视频之后，会有点赞、评论、转发、收藏的冲动，这些行为反映在后台管理上，就是互动数据。因为点赞、评论、转发、收藏都和短视频播放量有关，所以播放量是互动数据中的基础数据，平台会根据互动数据判断短视频适不适合进行推荐。各个平台对这几个数据的设置不尽相同，以抖音为例，点赞量在屏幕右方显示，图标是心形，下面显示的数字就是点赞量；在用户点赞的同时，抖音会将这个视频收藏到用户的个人中心里，所以点赞量等于收藏量；在点赞图标的下方是对话图标，下面显示的数字就是评论量；抖音的转发量在后台显示。

（一）评论量

评论量就是用户看完短视频后发表评论的数量。无论评论的内容是否与短视频有关，或者是否恰当，只要有评论，评论量就会上升。评论量高，说明用

户或极度喜欢或极度讨厌短视频中的内容和人物。

想要提高评论量，就要在制作短视频时深挖话题点，主动制造话题。同时，在有用户评论时，要及时与用户互动，引导用户继续评论，也可以适当自嘲，让评论变得有意思。有些用户在看完短视频之后，可能感觉短视频质量很一般，会发表一句评论然后退出，这时的回复就显得很重要了，有趣的回复可以把用户吸引回来，有些用户看到自己被尊重了，就有可能成为新的粉丝。有些用户在看到"神评论"后，也会有评论一下的冲动，所以我们可以找朋友给短视频加几句"神评论"。

（二）点赞量

点赞量就是看完短视频后认为该视频很优秀的用户数量。点赞量反映了用户喜欢短视频的程度，如果点赞量高，平台就有可能加倍推荐你的视频。点赞量也可以用来进行对比，比如，将自己的某个短视频的点餐量与同类短视频的点赞量对比，可以发现自己的短视频与别人的短视频的差距。

对比自己的短视频的点赞量，也能及时发现什么类型的短视频更受用户的欢迎。比如，同一天上传的两个短视频，一个是情感类，另一个是幽默段子，平台分配给两个短视频差不多的播放量，但是幽默段子的点赞量明显多于情感类的，这就说明用户更喜欢幽默段子，或者用户不认同情感类短视频中的内容。

（三）转发量

转发量是用户在看完短视频后转发的次数，反映了用户分享短视频的愿望。转发的行为反映了用户的几种心理：自己喜欢这个短视频，认为它很好笑、很新奇或充满正能量等，在自己喜欢的同时，也想让别人来分享这种乐趣；或者认为短视频中有自己想要评论的点，想与他人一起交流这个评论点，拓宽社交面；或者认为短视频对某个人有用，如用户看到了一段母婴类短视频，将其转发给有宝宝的妈妈等。

转发量可以间接反映账号的粉丝增长情况。比如，某短视频发布者上传了两个短视频，一个短视频的转发量为 12.6 万次，另一个短视频的转发量为 3.8 万次，而这期间粉丝数涨了 2 万人，那么就可以大概判断出是第一个短视频给其带来了大量的粉丝。

由此我们可以得出结论：提高转发量的关键是增加短视频内容的垂直度或使其大众化。搞笑类短视频、传播正能量的短视频就很大众化，转发的人会很多；美妆类短视频具有垂直性，女性之间也会大量转发。

（四）收藏量

收藏量是某些平台上用户看完短视频之后进行收藏的次数，反映了用户对短视频的肯定。研究发现，收藏量高的短视频要么使用户有反复观看的欲望；要么对用户有帮助，如实用技能类短视频；还有一种现象是收藏量很高，但是转发量相对较低，这说明用户不想分享短视频内容。

对于实用技能类、教育类短视频，评价它们是否优质，关键就在于收藏量，收藏量高，说明人们觉得它有用。比如，某个短视频号是介绍女生怎么穿搭的，播放量很稳定，一直维持在 20 万次左右，在这类短视频作品中，有的收藏量较高，有的收藏量较低，由此可以判断出人们更喜欢哪种穿搭方式。

五、关联指标：播荐率、评论率、点赞率、转发率、收藏率、加粉率

短视频平台不同于传统媒介，它能够让每个短视频都有一定的播放量，这里的关键是后台的算法机制。短视频平台的算法不是基于一项数据的，而是通过诸多有关的数据来综合评价每条短视频，判断其是否值得大范围推广。这些数据就是关联指标，它们是在互动数据的基础上产生的，但与互动数据不一样的是，关联指标只有在后台才能看到，运营者无法看到详细的指标，不过也可以根据互动数据粗略地进行估计。

（一）播荐率

播荐率又叫点击率，是播放量与推荐量的比值，即播荐率＝播放量 ÷ 推荐量 ×100%。由此可见，如果短视频平台将某个短视频推荐给几千个用户，而这几千个用户大部分都观看了短视频，那么播荐率就很高；如果只有几十个用户观看了短视频，那么播荐率就低。当然，单从播荐率来看，还不能准确判断

该短视频是否值得推荐，因为如果推荐的用户太少，很可能是由于短视频与他们的喜好不相符，如将关于女生穿搭的短视频推荐给了很多"准妈妈"。

短视频平台会根据用户的观看记录尽量避免这种问题，一般情况下，播荐率不高是因短视频本身存在问题。用户在不知道短视频内容的情况下，只会根据封面、标题等信息点开短视频进行观看，所以播荐率与短视频的封面、标题等信息直接相关。

（二）评论率

评论率是用户评论量与播放量的比值，即评论率＝评论量 ÷ 播放量×100%。评论率反映了用户对短视频内容进行评论的冲动，也反映出短视频中引发用户喜好或厌恶的点。可以设想，如果短视频内容非常严肃，或者没有突出的点，用户就没有评论的热情了。

如前所述，要提高评论率，就要在拍摄、制作短视频时制造话题，用户大多知道评论区的留言是很难被回复的，所以他们看到短视频中有他们想要的东西时，一般不会评论。比如，用户看到短视频中有一个名牌包包，一般不会问这个包包是什么牌子的，更何况平台上有同款商品推荐链接，用户只要点开就可以找到商品，故不会对这方面进行评论，他们的评论点一般是该短视频中的"槽点"。

（三）点赞率

点赞率是用户点赞量与播放量的比值，即点赞率＝点赞量 ÷ 播放量×100%。点赞率是平台评价短视频是否值得大范围推荐的重要参考指标，特别是对于刚开始运营短视频的人来说，平台给他们分配的用户只有几百或几千个，然后在这些用户看过短视频之后计算点赞率，如果点赞率低，平台很可能认为该短视频不吸引人。比如，平台分给一条短视频的用户有 1000 人，这些人看过之后，只给了 16 个赞，点赞率是 1.6%，这个数据就没有达到平台的标准，平台就不会再将该短视频推荐给更多的人了。若短视频运营者的粉丝量不多，后期就很难做大了。所以前期的点赞率一定要高，最好能达到 5% 以上，平台认定点赞率达到标准了，就会再进行推荐，被推荐得多了，粉丝数才能相应地增加。

（四）转发率

转发率是用户观看短视频后向他人转发的次数与播放量的比值，即转发率＝转发量÷播放量×100%。因为运营者一般看不到转发量，所以转发率也无法估计。但是前面说过，用户转发短视频是有出发点的，而且用户转发短视频时一般不会只转发给一个人。比如，一个短视频非常搞笑，用户看过之后，通常会转发给亲朋好友，如果他给10个人转发，其中有5个人点击观看了，又有1个人转发给了别人，就会引来下一轮转发。转发是有连锁效应的，所以刚开始运营短视频的人应该尽最大可能让亲朋好友转发视频，让他们帮忙打开局面。

（五）收藏率

收藏率是收藏量与播放量的比值，即收藏率＝收藏量÷播放量×100%。某些平台的收藏功能比较隐蔽，用户难以发现，也许用户出于习惯会点赞，或将短视频转发到朋友圈等，但不会添加收藏，所以收藏率一般都不高。只有用户在感到短视频内容对自己有用或比较私密，转发会打扰别人时，才会收藏，如某用户喜欢天文类短视频，而他的朋友们都不喜欢，他就会将视频收藏起来。

（六）加粉率

加粉率是粉丝增加数与播放量的比值，即加粉率＝粉丝增加数÷播放量×100%。加粉率是用户喜欢该短视频运营者或短视频内容的反映。比如，某短视频账号发布的内容是关于某位明星的，喜欢这位明星的用户就可能会成为这一账号的粉丝；或者某运营者发布的短视频都是关于书法指导的，爱好书法的用户就会关注该运营者。所以，想要收获忠实的粉丝，就需要提高内容的垂直度，如做母婴类短视频就不要随意改成美食类。有些类别的短视频受众比较少，粉丝就少，如古董鉴赏类，要想提高加粉率，就不能随便改变题材，因为这样做会流失很多粉丝，但是可以考虑把严肃的气氛变得轻松幽默，把专业内容平民化。

第二节 短视频的平台运营

随着短视频的火爆，大量短视频 App 纷纷上线。短视频创作者要根据自己视频内容的特点选择合适的平台，要重点考虑行业状况、平台属性和平台规则等因素。

一、短视频平台的行业数据

（一）短视频平台的派系

2018 年，互联网巨头纷纷布局短视频市场，形成了以腾讯系、阿里系、百度系、今日头条系、新浪系和 360 系为主的六大派系。

（二）平台类型

按照运营属性的差异，短视频平台分为四大类：工具型、内容型、社区型和垂直型。

工具型：侧重短视频的拍摄、美化、剪辑和特效，可以有效降低视频拍摄的技术门槛。这类平台不注重社交及传播功能，需要借助内容发布平台传播，如 VUE Vlog、逗拍、LIKE、快剪辑等。

内容型：这类平台所占的比例最高，受欢迎程度也比较高。当下几个比较流行的短视频 App 几乎都属于这一类型，如抖音、快手、美拍、微视等。如果进行细分，这类 App 可以分为 PGC、UGC 和 PUGC 三类。

社区型：侧重社交功能和氛围，鼓励用户互相围观作品，在平台内互动，以"小拍短视频"为代表。

垂直型：可以被理解为垂直细分的内容型平台，专注某个领域，如健身、美妆等。

（三）下载量排行

下载量是判断短视频用户基数和增长率的重要指标。"七麦研究院"发布的《2018 年短视频 App 行业分析报告》显示，抖音、快手、美拍平台的用户基数大、增长快，是较受关注的短视频平台。

（四）月活跃用户

Quest Mobile（北京贵士信息科技有限公司，是中国专业的移动互联网商业智能服务商）发布的《中国移动互联网 2018 上半年大报告》显示，截至 2018 年 6 月，快手、抖音月活跃用户数量已经破 2 亿，紧随其后的是西瓜视频和火山小视频，月活跃用户数量都已破亿，腾讯旗下的微视位列第五，月活跃用户数量达 4310 万。

（五）使用时长占比

Quest Mobile 发布的《中国移动互联网 2018 半年大报告》显示，中国移动互联网六大派系（腾讯系、今日头条系、百度系、阿里系、新浪系、360 系）占据时长超 75%，今日头条系占比增长了 1.6 倍，是增长最迅速的；腾讯系下降了 6.6%，是下降最多的。

二、短视频平台的基本规则

短视频行业的从业者一定要了解国家制定的短视频行业的法规及平台的规则。只有遵守规则，不触碰"红线"，才能保障账号安全运营。以下是一些基本规则：

（一）符合国家法规

2018 年，国家广播电视总局进一步加强了对 PGC、UGC 等短视频的管理，将监管重心转移到网民上传渠道及境外非法内容上。由此，国家广播电视总局在 2018 年 3 月底下发了《关于进一步规范网络视听节目传播秩序的通知》，从制作、播出、冠名等不同方面对短视频提出了要求。从事短视频内容的制作及传播的从业者需格外注意以下三点：

第一，坚决禁止非法抓取、剪拼、改编视听节目的行为。所有节目网站不得制作和传播歪曲、恶搞、"五化"经典文艺作品的节目；不得擅自对经典文艺作品、广播影视节目、网络原创视听节目做重新剪辑、重新配音、重配字幕，不得截取若干节目片段拼接成新节目播出；不得传播编辑后篡改原意产生歧义的作品节目片段。严格管理包括网民上传的类似重编节目，不给存在导向问题、版权问题、内容问题的剪拼改编视听节目提供传播渠道。对节目版权方、广播电视播出机构、影视制作机构投诉的此类节目，要立即做下线处理。

第二，加强对网上片花、预告片等视听节目的管理。各视听节目网站播出的片花、预告片所对应的节目必须是合法的广播影视节目、网络原创视听节目。未取得许可证的影视剧、未备案的网络原创视听节目，以及被广播影视行政部门通报或处理过的广播影视节目、网络视听节目，对应的片花、预告片也不得播出。制作、播出的片花、预告片等节目要坚持正确导向，不能断章取义、恶搞炒作。不能做"标题党"，以低俗创意吸引点击。不得出现包括"未审核"版或"审核删节"版等不妥内容。

第三，加强对各类节目接受冠名、赞助的管理。广播电视节目、网络视听节目接受冠名、赞助等，要事先核验冠名或赞助方的资质，不得与未取得《信息网络传播视听节目许可证》非法开展网络视听节目服务的机构进行任何形式的合作，包括网络直播、冠名、广告或赞助。

（二）遵守平台的商业规则

除上述国家法规之外，各短视频平台都有自己的规则。按照规则的基本差异，平台可以分为内容型平台和商品型平台。

内容型平台禁止在视频中直接售卖商品，也不允许商品的售卖信息直接出现在短视频中，以美拍、快手为代表。商品型平台本身是倡导电商活动的，支持在视频中进行商品销售，以淘宝的卖家秀为代表。

（三）避免盗版

国家版权局开启"剑网 2018"专项行动后，15 家短视频平台共下架删除各类涉嫌侵权盗版短视频作品 57 万部。除此之外，国家版权局约谈了抖音、快手、西瓜视频、火山小视频、美拍、秒拍、微视、梨视频、小影、56 视频、火萤、快视频、bilibili、土豆、好看视频 15 家企业，责令相关企业进一步提高版权保护意识，建立审核制度等，同时下架涉嫌侵权的作品。

（四）遵守平台的补贴规则

为了鼓励短视频团队在自己的平台上发布独家的、高质量的内容，很多平台会和团队签订合约，并且给予团队一定的补贴，这种独家平台的播放规则也是不能违反的。

三、短视频平台的运营

数据显示，短视频行业有将近一半的用户只安装了一个短视频 App，约四分之一的用户会安装两个短视频 App，其余的还会安装更多短视频 App。对于短视频运营者来说，选择平台时也不要局限于一个平台，建议考虑自身特点，结合各平台的运营规则，尽量多选择适合自己的平台，最大化地促进流量和用户数量的增长。

（一）自身情况

不同的短视频生产者拍摄视频的诉求有所不同，有的为了传播，有的关注变现。除此以外，各账号的属性和节目定位也有区别，短视频生产者要根据自身情况选择短视频平台。

（二）平台情况

1.平台资源和用户结构

每个平台的资源和用户结构都是有差异的，用户的组成也存在很大的差异，从性别比例、地域差异、教育背景到兴趣爱好都不尽相同。尽量选择适合视频内容的平台来发布短视频，这样用户的精准度会更高。以下是几个主要平台的基本情况：

秒拍和微博之间有强大的导流作用，更多地依赖资源推荐；美拍更多地依赖算法推荐，以女性群体为主；今日头条更多地依赖算法推荐，男性用户较多；抖音采用的是机器算法，以年轻用户群体为主，女性数量稍多于男性；快手采用的是机器算法加推荐系统，男性用户稍多。

2. 平台的流量价值

衡量流量的价值有一个基本规则，流量获取难度代表流量价值大小。常用的换算方法是：1 个微信播放量 =1 个今日头条播放量 =100 个秒拍播放量，据此可以轻松地换算出 1000 个微信播放量对比 100000 个秒拍播放量的价值。对于一个有价值的节目来说，1 亿流量是最基本的门槛，如果想得到进一步提升，运营者需要做好平台布局，带动流量的持续增长。

（三）运营技巧

针对不同的平台，运营技巧也存在差异。

2018 年以来，各大视频网站出现很多现象级综艺节目和剧集，博弈激烈。要在这些大平台上竞争，唯有在内容上下功夫，提升自己的权重，才能争夺优势位置。

秒拍用在其他平台上获取的收入，快速提升秒拍的流量规模。今日头条的补贴是一种优势，可以利用这个补贴扶持其他平台的流量。抖音无论是做受众广的泛娱乐类型还是深耕某个垂直领域，都需要通过专业的内容运营和用户运营，关注音乐的选择，保证内容产出的创意和质量。

四、MCN 机构

据中国领先的大数据公司易观公布的《2017 年中国短视频 MCN 行业发展白皮书》数据显示，2017 年以来短视频市场发展迅猛，在用户时长和用户流量两个方面的表现都非常突出。这也对短视频的内容生态提出了更高的要求，逐渐从直接聚合内容生产者转变为向 MCN 机构的聚拢。

（一）什么是 MCN

多频道网络（Multi-Channel Network, MCN）机构最大的优势就是整合了松散的内容生产者，主要作用是联合若干垂直领域具有影响力的互联网专业内容生产者，利用自身资源为其提供内容生产管理、内容运营、粉丝管理、商业变现等专业管理服务。对于个体短视频生产者而言，如果有实力加入 MCN 机构，以此带动自己账号的资源、内容生产能力，也是一个不错的选择。我国的 MCN 机构市场规模扩大趋势明显，从 2015 年的一百多家，爆发式增长到 2018 年的五千多家。

（二）个人创作者和 MCN 机构的差异

随着短视频的发展，个人创作者在进一步发展中遭遇了很多瓶颈，"头部玩家"开始寻求资源整合，实现更大的扩张。MCN 就是一种转型路径，越来越多的短视频创作者加入 MCN 机构，来突破个人创作存在的局限性。不论是项目管理、平台合作、融资机会还是上升通道，MCN 机构都有更明显的优势。

（三）MCN 机构的格局

短视频的发展，对垂直化、细分化提出了更高的要求，MCN 机构也在各大平台形成了代表性的格局。表 6-1 是一些平台的 MCN 代表机构和 IP。

表 6-1　MCN 代表机构和 IP

平台名称	大鱼号	美拍	企鹅	淘宝	微博
平台定位	内容平台	短视频平台	内容平台	电商平台	社会化媒体平台
MCN 业务特点	打通多个平台，收益丰厚	女性化，人设强，互动程度高	媒体属性强，流量分发强，欠缺粉丝深度运营基础	短视频变现的最常见渠道，数据支撑能力强	扶持多个垂直领域的 MCN，业务丰富完整
代表机构	川上传媒	自娱自乐、洋葱视频	火星文化、青狮文化	一条、布丁视频	蜂群影视、橘子娱乐
代表 IP	百思不得解	办公室小野、七舅脑爷	小伶玩具、贝瓦儿歌	张大奕、张沫凡	二更、日食记

五、短视频平台运营案例——以扬州大学官方抖音号和视频号为例

（一）高校短视频传播特点分析

纵观网络传播的结构和特征，网络传播大体经历了从早期互联网时代的"去中心化"传播到"去中心化"与"再中心化"交织的过程，传播模式的变化也体现了网络社会中纷繁复杂关系影响下权威和权力的制衡与博弈，抖音短视频传播也具有此特点。

1. "去中心化"传播特征

美籍德国著名传播学家库尔特·卢因的"把关人"理论认为，在大众传播过程中，传者（传统媒体）为起点，发出权威信息内容，经过把关人的传递送至受传者。这是一种典型的单向线性传播模式，强调传统媒体的舆论地位，在信息传播的过程中，这种模式缺乏互动机制，并充分肯定权威的力量。近年来，随着互联网的发展和科技水平的不断提高，个体、集体在工作、学习、生活等方面均加强了对网络的依赖性。因此，"去中心化"已经成为互联网传播的显性特征。以离散性、多节点为特征的互联网技术结构为网络传播的"去中心化"注入了技术基因，使信息生产和传播结构更加多元化，这使得"去中心化"特征显现，交互性逐步增强，交互感更为开放，内容和渠道更加多元，网络传播范围和影响力呈现裂变式发展。由于大学生思维开阔、互动意识强，他们制作或参与交互的短视频在传播过程中呈现"PGC带领UGC""UGC投稿也能制造强影响力"的发展态势。大学生投稿或者因大学生交互而产生的优质内容在网络中产生了巨大的影响力。

2. "再中心化"传播特征

第一，从相对隐蔽的角度来看，网络社会作为一种特殊的社会结构，无论是从群体角度来看——已经稳定的受众开始出现分众化聚集，还是从传播效果的角度来看——各类谣言的出现，在网络社会结构化管理和受众对"真相"实际需求的背景下，网络权力的分配越发重要。

第二，"从众现象""沉默的螺旋"效应在网络传播中并未消失，此时，高校短视频发布者或者实际负责单位的力量往往是形成大规模、高速率、强传播

特点的关键性因素。随着技术手段的不断革新，网络中的权威可能在形式上"无形"，但在效能上"有形"，并且其影响力十分强大，这对提高信息发布的真实性、权威性，以及学生受众的安全感、信任感等方面都是有益的。

3. "去中心化"与"再中心化"传播特征共存

基于美国学者埃弗雷特·罗杰斯的"创新扩散理论"在网络传播中的理论延伸，笔者认为，在网络实际传播的过程中，网络和网络技术本身对社会和文化产生了空前巨大的影响，即人们通过"去中心化"与"再中心化"的相互作用，在自主选择和舆论权威的双重作用下接受新观念、新事物、新产品，并通过由部分固定用户形成的既有圈层效应和裂变传播，将这种认识和选择影响到更大的圈层，圈圈联动，产生影响力。事实证明，网络传播到再传播的过程并非闭环，而是路径多样、渠道繁复的，最终的结果可能是逐渐削弱或形成更为深刻的传播效能，从这种意义上看，"去中心化"与"再中心化"使传播变得更为复杂且多样。在如此复杂的传播机制中，传播者、受传者不仅身份交叉，还可能圈层交叉，传播过程和路径复杂不可控，导致最初信息源形成的影响力不可控、难量化。

4. "去中心化"与"再中心化"交织特征下的大学生信息交互特点

在上述两种传播特征的深入交互和共同影响下，大学生群体通过选择自身感兴趣、有需要的内容，与志同道合者形成固定圈层。由于年龄、身份和兴趣特征，大学生的圈层主要集中在学习、生活、娱乐、兴趣特长这几个方面。从结构上看，他们更趋于扁平化的"去中心化"体感，即在一个群体内感受到有趣、平等、被尊重、有话语权、能交互，以及信息传播畅通无压力。但实际上，由于大学生的成熟程度不一，他们又极度需要"再中心化"的权威，而意见领袖的言论往往更能激发他们的"保护欲"，有适当的约束才能获得持久的安全感、归属感和信任感。总而言之，大学生希望自己既是受传者，也是传播者，他们在追求自由与平等交互的同时，也展现出对真实、成熟世界的渴望。这种独立与依赖的碰撞、客观多样与集中统一的交融，正是当代大学生对待互联网传播的特色化"矛盾"的态度，这也对高校抖音短视频创作团队提出了更高的要求。

（二）高校短视频平台运营策略

1. 信息生产阶段：专业内容的主导性输出

在信息技术高速发展的时代，高校发展应该顺应时代发展。在拥有官方微信公众号、官方微博的基础上，高校应逐步进驻抖音、视频号等短视频平台，打造校园文化宣传的新阵地。众所周知，内容是抖音号、视频号等短视频平台的生命力。我国学者袁国宝认为，抖音平台通过产品设计、外部刺激、营造创作氛围等方式不断生产新内容，增强生产者与消费者之间的互动，形成内容闭环。高校抖音短视频的内容生产既要有符合高校信息传播、教育引导特点的主功能，又要具备与时俱进、符合学生期待的优质内容。

2. 技术呈现阶段：特长性融媒体的强势发挥

创作是短视频的灵魂，技术则是创作的保障。扬州大学官方抖音号和视频号的技术呈现部分，由运营团队中四个不同的内容组（拍摄组、后期组、创意组、出镜组）通力合作。四组成员各司其职，又相互融合，内容生产覆盖重点信息、时政热点、相关话题、边界知识等。团队全体成员在才华得到充分发挥、获得成就感和自身得到锻炼的基础上，更为院校品牌抢抓热点、制造爆点和日常更新做了充足的准备。

3. 运营介入阶段：计划总结渠道性的机制保障

抖音短视频内容发布后，除了既有粉丝圈层自带的流量影响力，也需要大学生的运营。扬州大学短视频创作团队通过调研品牌调性，建立了三个版块负责制的数据汇总周报机制；充分发挥学生的主观能动性、创造性的提前策划机制；在利用校内平台，强化校内资源整合调配的基础上，进行校际合作、官方交流的渠道拓宽机制；制订周计划，力争做到每天更新发布且保证三期以上不同版块内容库存的内容留存机制。这四大机制涵盖从策划到总结复盘的全运营阶段以及从内容生产到内容改进的全过程，保障创作团队的整体运营实效性。

（三）高校短视频平台传播效果分析

1. 传播者：权威内容的引领性传播

对于高校短视频平台的实际管理者而言，"官方"二字的背后是高校意识形态管理部门对内容的专业性和严谨性的保障，如同传统媒体在抖音、视频号等平台的强大引领作用一样，高校短视频圈层也形成了边界范围的影响力。而大学生群体作为中国特色社会主义的建设者和接班人，本身就具备一定的社会关注度，在其健全人格发展的关键时期更需要权威内容的意识和行为引导，权威内容能够更高效地引导其树立正确的价值观，注重传播正能量，切实履行社会责任。

2. 受传者：圈层身份切换畅通无阻

在非线性交互的互联网世界里，反馈机制并不特别，而学校属性则给予了大学生相对畅通的身份转换机制。网络环境给予师生更为平等的多渠道交互模式，师生在放松的状态下、和谐的环境里沟通，有时比面对面沟通更有效果。

网络环境的多样性使大学生主导学习和自我管理的权限扩大了。大学生更具有表达欲和创新意识，面对一些优秀的选题时更能发挥其主观能动性。高校短视频创作团队通过给予大学生线上投稿的机会，让大学生可以在无须加入团队的前提下也能够零距离参与官方抖音短视频的创作。

3. 传播效果：正负作用博弈

作为走在科技发展和人才培养最前沿的高等学校，官方抖音号和视频号等平台为学校、学生发声提供了便捷的渠道。对于多数大学生而言，网络中的知识信息参差不齐，且相对碎片化，正能量、持续性的内容输出不成体系。高校官方抖音号和视频号等平台通过具有自身特色的、科学体系化的视频内容和圈层影响力，实现了从被动管理到主动经营的转变。

与此同时，相较于线下传播，大学生在网络中的持续关注力和长期认同感还是更依赖于"集体荣誉感""关心程度""兴趣"等维度。此时，网络中的"去中心化"模式不仅带来了自由，还带来了大学生主体散漫感的蔓延。大学生毕业后一旦失去"认同感""需要感"，则会导致其降低对圈层的依赖性。与此同时，以教师或管理者为主导，在大学生兴趣不足、凝聚力不强、行为被动的前提下，可能会影响其对网络圈层的信任感，进而逐渐弱化其对班级和学校应有的凝聚力和自信心，最终使得大学生逐渐降低对社交媒体中特定圈层集体的归属感。

第三节　短视频的用户运营

短视频的用户运营可以被简单理解为依赖于用户的行为数据，对用户进行回馈与激励，不断提升用户体验和活跃度，促进用户的转化。短视频的用户运营有三个重要阶段：流量原理、获取种子用户和激活用户。图6-1为用户运营流程图。

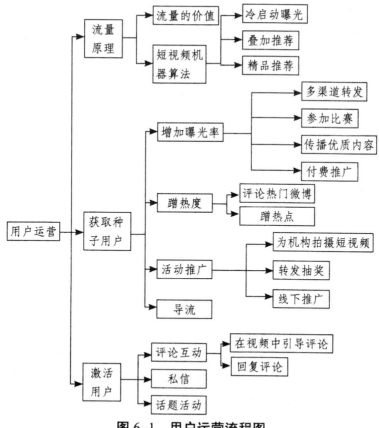

图6-1　用户运营流程图

121

一、流量原理

中国商业演化观察者、产品运营专家梁宁说过，商业的核心就是产品、流量和转化。对于短视频从业者来说，获取流量是运营的核心目标。简单来说，流量的获取就是目标用户的获取，流量在哪，用户就在哪，内容就在哪。

（一）流量的价值

流量对应的英文单词是"flow"，实体行业将流量叫作顾客，对于他们来说，进店的顾客其实就是流量。对于短视频来说，流量特指一定时间内的访问量。

流量的价值核心在于变现，账号在通过内容吸引流量的同时，把流量转换到其他需要流量的商业活动中，最终达到成交、营利的目的。流量越精准，用户垂直度越高，流量的商业价值就越大。

目前，提升流量主要有三种方式：精品内容的打造、品牌推广和用户运营。其中，精品内容的打造非常考验内容的生产能力和专业性，需要创作者静下心来，精雕细琢，不断改进。品牌推广对公关能力、资源和资金的要求较高。对于短视频运营者来说，除了对内容的打磨外，做好用户运营也是获取流量成本最低的方式。

（二）短视频机器算法

要做好短视频的用户运营，获取更多流量，就离不开对推荐机制的深入研究。短视频从业者对"机器算法"这个词一定不陌生。短视频平台的推荐机制已经从优酷的编辑模式跨入了机器算法时代。机器获取有效信息最直接的途径就是短视频的标题、描述、标签、分类等。以抖音为例，它的模式被称为"流量赛马机制"，这种机器算法主要经过以下三个阶段：

1. 冷启动曝光

对于上传到平台的短视频，机器算法在初步分配流量的时候，会先进行平台审核，审核通过后进入冷启动流量池，给予每个短视频均等的初始曝光机会。这个阶段，视频主要会被分发给关注的用户和附近的用户，然后会依据标签、标题等数据进行智能分发。

2. 叠加推荐

算法会将经过分发的视频从曝光的视频中进行数据筛选，对比视频的点赞量、评论量、转发量、完播率等多个维度的数据，选择出数据表现出众的短视频，放入流量池，给予叠加推荐，依次循环往复。

3. 精品推荐

经过多轮筛选后，多个维度（点击率、完播率、评论的互动率）表现优秀的视频会被放入精品推荐池，优先推荐给用户。

和抖音略有不同，快手的算法逻辑会对用户进行画像和行为分析，掌握用户的静态信息，如性别、年龄、地域等，并通过用户的屏幕行为，如点赞、完播率等，建立更加有效的实时推荐系统，实现更精准的推送。

美拍的算法有一点特殊，内容靠算法推荐，但又有一定的订阅逻辑在里面。纵观国内的短视频平台，除了细节的差异外，大致都是这样的流程：审核→少量推荐→大量推荐→重复。理解了这种"去中心化"的算法规则，在短视频时代，每个优质的短视频都有机会获得比较大的流量。

二、获取种子用户

在账号创建初期，通过冷启动曝光获取足够多的种子用户，是短视频内容生产者初期运营的重心。下面介绍几种有效的获取种子用户的方法：

（一）增加曝光率

1. 多渠道转发

利用个人的社交关系和影响力，在朋友圈、微信群、知乎、贴吧、微博等渠道进行转发传播，增加曝光率，可以获取更多用户的关注。利用微博粉丝通、粉丝头条等功能也是不错的方法，运营者也可以选择"大V"付费推荐，但应尽量选择精准的、流量真实的"大V"账号。

2. 参加挑战和比赛

很多短视频平台都有挑战项目，这些项目自带巨额流量。例如，抖音每天都有各种主题的热门话题和挑战活动，鼓励用户积极参加；美拍可以制作亮眼的头图，参加话题活动上热门；今日头条的"金秒奖"是短视频行业内标准比较高的奖项，参赛不仅可以获得曝光量，还可以向优秀短视频同行学习，提升自己的水平。

3. 传播优质内容

编写优质的内容，在各大网站发布，从而提升阅读量，嵌入自己的短视频，进而吸引用户关注，也是一个有效的方式。

4. 付费推广

一些平台提供了付费推广渠道，有助于获取更大的曝光量，如新浪微博的"粉丝通"和抖音的"DOU+"。

新浪微博的"粉丝通"是基于新浪微博海量的用户，把企业推广信息广泛传递给粉丝和潜在粉丝进行产品营销。新浪微博会根据用户属性和社交关系将信息精准地投放给目标人群，同时，新浪微博的"粉丝通"也具有普通微博的全部功能，如转发、评论、收藏、点赞等。用户即使没有关注企业号，也能看到微博推广的广告。

"DOU+"是抖音推出的短视频推广工具，可以将视频推广给更多用户，支持自投放和代投放。使用"DOU+"的短视频会出现在抖音的首页推荐流里，根据抖音的高效智能推荐算法，视频会展现给可能对该视频感兴趣的用户或潜在粉丝。

（二）蹭热度

1. 评论热门微博

在流量比较大的"大V"或热门微博下面评论、回复，分享自己的观点，帮别人解决问题或交流问题，用精彩、独到的观点引起别人的关注也是一种获取流量的方式。

2. 蹭热点

热点新闻、热点话题自带流量。例如，2018年，某古装剧大热，很多做古装和剧情解说的短视频借此机会走红。某网红拍摄的"辣眼睛版"系列，因为其独特的脚本、搞笑的表演赢得了很多关注。该账号运营者甚至被导演邀请参演该剧续集。

（三）活动推广

1. 为机构拍摄短视频

为流量比较大的机构拍摄短视频其实是一种高回报的行为。例如，"二更"为公交、地铁、航空等出行量大的交通方式拍摄了宣传短视频，也扩大了自己的知名度。

2. 转发抽奖

转发抽奖是经常被使用的形式。转发抽奖活动奖品的设置比较关键，可以是用户感兴趣的礼品，也可以是其他形式，如向某领域的成功人士一对一提问的机会。奖品设置的关键是从用户角度出发，要考虑什么样的抽奖设置能激发用户的参与度。

3. 线下推广

成功的线下推广能以比较低的成本吸引精准的用户群体。线下推广的活动形式很简单，如扫码关注送小礼物，穿着独特的卡通衣服吸引路人等。进行线下推广时，应尽量选择商场、地铁站、高校食堂等人流量大的场所，同时一定要注意和场地的工作人员协商好。

（四）导流

与其他的自媒体人合作，相互导流，也是一种沉淀用户的不错的方式。但有一些基础知识需要了解，如腾讯系与阿里系之间不允许相互导流；今日头条系与腾讯系之间不允许相互导流；微博的兼容性比较好，适合粉丝沉淀。

三、激活用户

激活用户可以增加用户的活跃度，引导用户持续关注账户，增强用户黏度。以下是激活用户的几种方式：

（一）评论互动

互动是短视频算法中一个重要的指标。短视频运营者发布视频后，用户产生了观看、评论、点赞等行为，运营者还需要进一步回应沟通，产生更多的交互。各种互动中，评论互动最方便，运营者能看到很多留言，因而评论价值最高。运营者可以通过以下几种方法来增强评论互动：

1. 在视频中引导评论

在视频中设置一个环节，抛出能够引发用户共鸣的问题，可以有效提升用户的参与感，引导他们的评论行为。设置问题的时候有一些小技巧：可以在封面文字中强化、在标题中形式引导、在视频的旁白中提示。例如，抖音账号"秋叶 Excel"有一条视频，封面写着醒目的大字"2 秒文字倒下"，标题用了反问句："那么问题来了，什么时候用到这个功能呢？"结尾的部分老师问道："有没有歪过头来的小可爱？"这样多个环节的设置，可以引导用户积极评论和点赞。

2. 回复评论

运营者及时回复用户的评论，可以激发用户的参与热情，这是激活用户最直接的方式。一旦发现高质量、幽默、有代表性的评论，运营者可以将其作为精选置顶，借此引导更大范围的互动。

（二）私信

对于一些互动频率和质量比较高的用户，运营者可以将其作为重点培养的用户，增加关注度，进行跟进评论，甚至私信沟通。

（三）话题活动

搞一些富有创意和传播性的活动是短视频运营中的一种重要形式，也是激活用户的有效方式。鉴于短视频平台的局限性，运营者可以通过社群的方式将粉丝沉淀下来，通过后续的各种活动来获取用户反馈，增加用户黏度，也可以鼓励用户积极表达，鼓励他们成为内容的生产者。但有一点要注意，单纯的有奖活动并不是很好的方法，能够带动人们的参与热情才是关键。

四、短视频用户运营案例——以美食类短视频为例

（一）用户运营的拉新策略：用户的初期积累

拉新是用户的初期积累。"让潜在用户首次接触到产品"这个过程是用户运营的基础阶段，也是必要阶段。用户是美食类短视频的生命源泉，保持一定的用户增加量，美食类短视频才有持续发展的动力，才能形成良好的循环系统。如何吸引新用户，需要从用户属性、传播者和内容上来分析，从而制定合适的用户拉新策略。

1. 用户基于兴趣点的聚集

关注美食类短视频的用户必须具备两个条件：其一，需要拥有移动互联网设备并且联网；其二，需要下载相关的短视频 App。具备了这两个条件，就可能成为美食类短视频的用户，在这一部分用户中，可以根据用户属性更加精确地定位受众人群，用户基于兴趣点的聚集符合"使用与满足"理论。该理论把受众看作有特定需求的个人，把他们的媒介接触活动看成基于特定需求来"使用"媒介，从而使这些需求得到满足。在互联网社交平台上，受众选择自己感兴趣的内容，他们的媒介接触动机满足了自己对美食的需求，具有能动性。在这里，受众不是大众社会论中所说的"绝对的被动"，而是"有选择地接触"。所以，关注美食类短视频的用户有两个基本属性：第一个是兴趣，这类用户对美食有特殊的感情，即所谓的美食爱好者，他们基于兴趣去观看美食类短视频；第二个是需求，人们在日常生活中想要学习制作某种菜肴时，教程类的美食短视频就有了用武之地，这类视频能够满足用户的需求。他们在关注与美食相关的短视频时，是一种主动关注甚至是寻找的状态。所以说，美食类短视频有着天然的优势。

2. 提升美食达人的曝光度

美食类短视频拉新的策略中，提升美食达人的曝光度也是一种重要的拉新方式，这种方式需要平台的扶持。平台的扶持是指平台能够为用户提供流量支持助力强势曝光，这有利于短视频得到更多的关注。平台推出相应的活动，美食短视频创作者需要参加此类活动，通过曝光来拉新。

高质量的内容分发能够真正建立起用户与内容的有效连接，提升美食短视

频的竞争力。随着大数据算法技术的不断升级，短视频社交平台会以用户数据作为基础，通过浏览频率、搜索热度等数据判断用户喜好，进行算法的推荐，为更优质的内容提供曝光的机会，曝光可以促进用户量的增长。美食类短视频自媒体平台在发展初期会尝试搭载平台流量的"顺风车"来使用户聚集。

3. 增强内容自身的影响力

影响力是用一种他人乐于接受的方式，改变他人的思想和行动的能力。对美食类短视频自媒体来说，美食短视频创作者以一种用户喜爱的方式，创作出各种各样吸引用户关注的内容，并且能够深入影响他们对饮食生活的态度和看法，甚至能够改变他们的生活习惯，这被称为美食短视频的影响力。持续输出优质内容是吸引用户关注的重要一环。从内容的角度来说，要增强自身的影响力，就需要对内容有一个清晰的定位。美食类短视频虽然是短视频的细分领域，但是随着美食类短视频的发展，其内容也有了更加细化的领域，每一种类型都有其特点，应从每一个分类来分析如何增强自身的影响力。

（1）实用性的内容

内容垂直细分是短视频市场的一个重要特点，然而美食类并不是内容垂直细分的最小单位，美食类短视频还有更细的分类，体现在它们的定位上。通过对五十个优秀美食短视频的内容进行分析发现，这些优质的内容有一个共性，即实用性，美食短视频的实用性是指能够切实解决用户关于饮食方面的问题。这是美食类影像产品从开始播出发展到现在的宗旨，无论内容如何多样化，实用性的内容一直存在并且不断地被完善和丰富。根据对样本内容的分析，我们发现美食类短视频的实用性内容主要有三类：

一是教程类。这类内容教授用户做菜的技巧，能够解决用户在做菜过程中遇到的问题。教程类的视频主线是做菜的流程，镜头视角主要游走在食物的处理和烹饪上。在这个基础上，不同的美食短视频内容会有细微区别，如人物是否出镜、是否有解说、视频画质精致与否。但这些都只是细枝末节的部分，无论这些细节有何不同，教程类这个主题不变。教程类美食短视频的实用性体现在可以在短时间内教会用户烹饪菜肴。

二是探店类。在日常生活中，人们除了自己在家做饭之外，还会外出吃饭，于是，探店类的美食短视频应运而生。这类短视频主要是针对饭店的特色菜品进行试吃，试吃的过程是视频的主要内容，主播边吃边评论，菜品和餐厅环境都是评论的重点。这类美食短视频的实用性体现在能够为用户提供一份外出用餐的美食攻略。

三是测评类。测评类的短视频内容记录的是对某些美食产品的试吃过程，在这个过程中，主播对产品进行评价，主要向用户展示产品的包装、味道等，用户观看此类视频后会因为主播的试吃产生购买类似产品的欲望。这类视频与探店类相似，都具有推荐性质，主观性比较强。这类视频的实用性体现在给想要购买相关产品的用户一系列直观的试吃感受。目前的测评类短视频中，除了试吃，还能够做到自制，这里的自制与教程类视频的家常菜教程不同，自制的选题范围更大，有时可以扩展到原料的制作等方面。

（2）娱乐性的内容

一是创意类。创意类的短视频内容不再循规蹈矩，而是不同寻常。纵观美食类短视频的内容，同质化严重，尤其是以烹饪场景为主线的内容，要想在众多同质化的短视频内容中脱颖而出，偶尔需要"剑走偏锋"，因此，创意性的内容较易被用户喜欢。

二是情怀类。这类短视频的内容主要是通过制作美食来传达一种生活方式和生活态度。这类短视频的风格独特，大多比较清新自然，重视对环境的表现。在视频中则表现在空镜头上，与教程类的短视频相比，多了些生活化的东西。

（3）生活性的内容

除了实用性和娱乐性的内容，生活性的内容也是美食短视频自媒体热衷创作的一个分支。所谓生活性的内容，是指策划性的内容不明显，且记录的重点为日常生活中食物的制作、烹饪和品尝等，其中，出境人物的状态和语言也多为方言，常常就是生活中的真实场景，这些场景多为农村或是都市生活中最原始的状态。无论是周围的环境、烹饪的厨具还是出镜的人物都是朴实无华的，也正是这种最初的状态给用户的感受最为真实，这种真实也能够引起用户的共鸣。生活性的内容已经成为美食细分领域的一部分，小众的内容更加突显用户的分众化趋势。

（二）用户运营的促活策略：提升用户的活跃度

1. 基于虚拟网络的线上互动

随着时代的发展和影像产品的快速更迭，用户的属性也在不断变化和升级。在短视频当红的时代，用户的自主性更强，与大众传媒支配下被动的受众大相径庭。这得益于平台的优势，用户与美食达人进行互动成为可能。美食短视频自媒体促活用户可以利用平台自身的互动功能。无论是像爱奇艺这样的视频网站，还是像抖音一样的短视频社交平台，都可以对美食短视频自媒体的视频内容进行点赞、评论、转发、分享等操作，这些是美食短视频自媒体与用户线上互动的基本，属于浅互动行为，也正是这些互动功能记录了用户对短视频内容的认可和喜爱。用户不是信息的消极接受者，而是信息传播过程中主动的、有选择能力的参与者。用户针对短视频内容进行"点、评、赞"操作的同时，美食短视频自媒体也会给予回应，也正是这种回应才加深了用户对美食短视频自媒体的好感，这种回应主要体现在回复评论、点赞粉丝的评论、转发粉丝的评论等方面。

重视用户的反馈也是线上互动的一种方式，美食短视频创作者通过社会化媒体将内容传播给用户，与大众传播的单向性不同，用户不再是一种被动接受的状态，而是可以与传播者进行交流和互动。由于平台的便利，用户的反馈成为现实，用户通过评论、私信向创作者表达自己的意愿，对视频内容提出建议和意见，这些反馈创作者都能够看到，并且会根据用户的反馈对短视频的相关内容做出调整和改变。虽然这种互动行为不是即时性的，但也能提高用户的活跃度。

在美食短视频自媒体中出镜的人和幕后的创作者也容易受到用户的喜爱和关注。内容是美食达人与用户之间联系的桥梁，用户在转变为有忠诚度的粉丝时，美食达人自身也可成为用户关注的重点。目前，很多短视频平台开通了直播的功能，当美食短视频自媒体积累了一定的粉丝量和知名度时，就可以开展直播活动与粉丝进行短时间、面对面的交流，与回复评论这样微小的举动相比，直播这种互动形式更加深入，也更能增加用户的活跃度。

2. 基于现实生活的线下活动

美食短视频创作者发布内容与用户的观看行为都是在网络这个虚拟的世界里发生和完成的，相关调查显示，提升用户的活跃度不能只依靠线上的浅互动，将线上的用户延伸和导流到线下也是用户运营的一部分。普通用户从关注者升级到支持者，其实就是用户深入运营之后的结果，用户的角色在不断变化，而这种变化也标志着用户对美食达人喜爱程度的日益加深。促活这一阶段就是对存量用户的运营，该阶段更加具有针对性，运营也更加垂直化，与其说这个阶段是对用户的运营，不如说是对粉丝的运营。

很多美食达人都与自己的粉丝进行过线下的互动，如请自己的粉丝吃饭，这是从线上的大众传播直接变成面对面的人际传播。与粉丝进行面对面的交流，虽然只是和少量的粉丝进行交流，但是这样愿意与粉丝接触的人设在几百万粉丝中树立起来，有助于保持粉丝活跃度，"期待偶遇"会成为用户关注的目标之一。

（三）用户运营的留存策略：用户向粉丝的转变

1. 优化用户的体验

美食类短视频作为一种影视产品，对受众体验影响较大的就是画质；娱乐类短视频应该带给用户更多的是治愈型的心理体验；创意类短视频应该带给用户一种心理上冲击感；情怀类短视频应该给予用户心灵上的慰藉。传播学的集大成者和创始人威尔伯·施拉姆认为，大众传播的一项重要社会功能就是提供娱乐消遣，让人们摆脱工作和生活中遇到的各种压力。

2. 保持优质的生产力

保持优质的生产力是将用户留下来的又一个必要条件，从用户关注到用户转化为粉丝并持续忠诚地关注，需要美食短视频自媒体有持续的生命力，尤其是对于个人创作者而言。内容的同质化是目前美食类短视频的发展现状之一，这不仅表现在烹饪的食材上，也表现在形式上。在这样的现状下，想在千篇一律的短视频中脱颖而出，创造出使用户持续关注的动力，就需要规律化运营。美食短视频自媒体要有持续输出的能力，尤其是在积累了一定的粉丝之后，本着对粉丝负责的态度，美食短视频自媒体也必须坚持创作和发布，所以说坚持创作是保持短视频生命力的第一要义。

第四节 短视频的数据运营

短视频的所有运营行为都是以数据为导向的。运营者除了需要通过数据持续了解播放量、点赞量和转发量外，还需要观测后续的数据发展，以调整短视频的内容、发布时间和发布频率，逐步提升短视频的流量。

一、数据分析的意义

数据是运营的灵魂，所有的运营都是建立在数据分析基础之上的。那么，对于短视频运营者来说，数据分析有什么意义呢？

（一）用数据指导内容方向

无论传播载体如何变化，传播生态如何发展，优质的内容依然是稀缺品。优质内容的产出和运营，是短视频流量增长的关键。当然，这是一个精细策划、持续优化的过程，需要依托数据的反馈来不断改进。

1. 用数据指导初期的内容方向

在创作初期，团队对市场和选题的了解还不够充分，需要借助数据来指导内容方向。初期经过用户定位、竞品分析后，选取资源较充足的选题，按照最小化启动原则，不断根据播放量、点赞量、转发量等数据来统计短视频的用户欢迎程度，持续调整内容方向。

2. 用数据指导中后期的内容运营

内容方向定下来后，数据的意义就更加重要了。运营者需要通过将自身数据和竞品数据进行对比，以及对自己账号几个维度的数据分析，来改进选题，提升流量，增加粉丝黏度。

（二）数据指导发布时间

1. 发布时段

短视频的发布频率和时间也是短视频运营的关键环节。每个平台都有自己的观看流量高峰，高峰时段和推荐机制的差异单靠人工去判断，工作量很大，准确率不够高，使用工具就可以大大提升效率。例如，"飞瓜数据"可以提供抖音热门素材、各类排行榜单、视频监控以及多号矩阵管理的功能，可以对抖音的播放数据、电商视频及排行进行分析。

2. 发布频率

形成固定的发布频率，可以培养用户的观看习惯，增加用户黏度。最佳的更新频率是每天更新或隔天更新。有一些作品的生产周期比较长，可能一周才能完成一个，此时可以选择每周更新。

二、应关注的关键指标

在短视频运营中，数据分析是不可或缺的环节，所有运营行为的分析和优化都建立在数据的基础上。以下几种数据是短视频运营者需要关注的，相关内容在本章第二节有详细阐述，在这里仅简单介绍。

（一）固有数据

固有数据指发布时间、视频时长、发布渠道等与视频发布相关的数据。

（二）基础数据

播放量：通常涉及累计播放量和同期对比播放量，通过播放量的变化对比可以总结出一些基本规律，如标题的含金量、选题方向等。

评论量：反映短视频引发共鸣、关注和争论的程度。

点赞量：反映短视频受欢迎的程度。

转发量：反映短视频的传播度。

收藏量：反映短视频的利用价值。

（三）关键比率

视频的基础数据是浮动的，但比率是有规律的。这些比率是分析数据的关键指标，是进行选题调整和内容改进的重要依据。

评论率：反映哪些选题更容易引发用户的共鸣，引起用户讨论的欲望。

点赞率：反映短视频受欢迎的程度。

转发率：代表用户的分享行为，说明用户认可视频表达的观点和态度。通常转发率高的视频，带来的新增粉丝量也较多。

收藏率：反映用户对短视频价值的认定，用户收藏后很可能再次观看，提升完播率。

完播率：是短视频平台进行统计的一个重要维度。完播率的提升，要注意两点：第一，调整短视频的节奏，努力在 5 秒内抓住用户的眼球；第二，通过文案，引导用户看完整个短视频。

（四）数据分析维度

进行短视频数据分析，不仅要分析自己的视频数据，还要分析同行的视频数据、榜单的视频数据，各维度对比，可从宏观和微观角度把握趋势和内容方向。

1. 可视化分析工具

可视化分析是将数据、信息转化为可视化的形式。最基础的可视化分析工具就是 Excel 表格，运营者可以将自己需要的数据类型整合起来，转化为图表，使其更直观、清晰。但是，对于大量数据的分析，用 Excel 显然工作量过大，此时可以借助其他可视化分析工具。

2. 飞瓜数据

飞瓜数据可以查看各网的运营数据，如播放统计、用户统计，还可以显示各平台的数据，帮助内容创作者更好地跟踪内容数据，优化选题。

3. 卡思数据

卡思数据是一款基于全网各平台的数据开放平台，提供全方位的数据查询、趋势分析、舆情分析、用户画像、视频监测、数据研究等服务，为内容创作团队在内容创作和用户运营方面提供数据支持，为广告主的广告投放提供数据参考，为内容投资提供全面、客观的价值评估。

4. 西瓜指数

西瓜指数是一款小程序，主要针对抖音平台的数据，呈现 24 小时内播放、点赞前 100 名的播主及视频，分为热门视频、热门音乐、播主榜单，运营者可以非常方便地掌握抖音榜单的趋势和动态。

三、短视频数据运营案例——以账号数据为例

（一）需要运营的账号数据类型

1. 用户数据

部分新媒体平台的后台可以看到详细的用户数据，如果后台不提供，也可以通过第三方平台查看。用户基本属性包括性别、地域、年龄、职业、学历、收入等人口统计学特征和设备品牌、型号、操作系统、运营商、联网方式等设备属性。通过分析用户基本属性，基本能够判断出用户是怎样的人，有着怎样的特质。

2. 效果数据

效果数据是指用户在阅读或观看过程中的一系列操作，从而反映内容的优劣，包括用户行为属性和偏好属性。用户行为属性是指使用时长、启动次数、活跃天数、消费频次、页面浏览次数等属性；用户偏好属性在内容产品中主要是指用户对内容的偏好，如科技类、游戏类、生活类、政治类等，可以通过用户对不同类型内容的点击数、收藏数、点赞数、评论数、搜索等数据来分析用户的偏好属性。

通过对用户数据和效果数据两个客观维度的分析，运营者就能基本掌握用户的喜好。

另外，还需要关注活跃用户数（一段时间内观看过内容的用户，可以分为日活跃用户数、周活跃用户数、月活跃用户数），新增用户数（一段时间内运营账号新增的用户数，可以用来判断产品所处的生命周期），用户留存率（一段时间内首次关注账号的用户在一段时间后是否还在关注，即并未取关用户占

新增用户数的比例，可以衡量涨粉渠道的质量）。

（二）可获取账号数据的渠道

1. 新榜

新榜是一个综合性的内容产业服务平台，在新榜上可以搜索到当前比较主流的自媒体平台数据，如以图文为主的微信号、微博、百家号、头条号，以及视频类的抖音、快手、bilibili 等。并针对数据产生的时间，分为日榜、周榜、月榜，数据分类也很清晰，包括发布作品数、转发数、评论数、点赞数、新增粉丝数、累计粉丝数等。新榜除了能提供非常详尽的数据信息，还是一个非常好的寻求合作账号的平台，通过科学的搜索，能够寻求与自己的产品或账号定位相似且表现较好的账号。用户可以在该平台上清晰地看到自媒体平台的整体发展现状，为账号决策提供参考。

2. 西瓜数据

西瓜数据是专业的微信公众号大数据服务商，分钟级阅读量监控，全网竞品搜索监控，是公众号运营及广告投放效果监控首选的大数据工具。整体功能与新榜相近，但在自测预估粉丝量方面，西瓜数据更为精准。

3. 神策数据

神策数据是大数据分析和营销科技服务商，可以帮助新媒体人建立用户画像，深度洞察用户行为，深入了解用户信息是从哪里来的，又在哪里消失的，找到新的产品增长点，并提供智能运营解决方案。它拥有多维度数据实时分析功能，并根据事件分析、漏斗分析、留存分析、分布分析等分析模型，协助新媒体人完成数据分析。

4. 微信指数

微信指数对于运营微信公众号的新媒体人来说是必不可少的工具，是微信官方发布的一款微信数据小程序，在手机端就可以查看数据情况。微信指数对微信上的搜索和流量行为进行了整合，并对海量的运营数据进行科学分析，用户可以搜索到当天、一周内、一个月内甚至半年内的微信关键词动态指数和变化情况。对于追热点的新媒体人来说，"微信指数""微博热搜"和"抖音热榜"是寻求热点必不可少的工具。

（三）账号数据分析的模板

数据分析的本质是通过客观的数据来了解自己的用户需求，从而优化内容、产品或服务，因此，必须从研究私域流量池入手。

1. 客观的数据分析

以微信公众号为例，可以从以下数据维度进行分析：时间、阅读量、分享量、阅读后关注量、送达阅读率、阅读完成率、送达人数、总体人数、整体阅读率、整体分享率、上月分享率及与上月对比等，并可以对头条、原创、广告等多种类别的内容进行分门别类的统计，更容易看出单项品类的数据变化，以便制定出科学的优化方案。

2. 运营者的主观分析

仅仅做数据统计和简单的整理工作肯定是不够的，还必须进行自我思考和改变。以微信公众号为例，可以从以下角度进行分析，见表6-2。

表6-2　运营者的主观分析

项目	标题	阅读量	分享数	阅读率	位置	原因分析
本月原创阅读量最高						
本月原创阅读量最低						
其他需总结的文章						
本月总结						
下月规划						

主观分析是对运营者基本素养的综合考验，运营者必须具备一定的对海量数据的分析处理能力。可以对饼状图、线形图、树状图等直观的图表进行辅助分析，并把用户属性与客观数据结合起来综合分析。其主要目的是挖掘用户需求，为其提供与之相匹配的内容。

（四）账号数据优化的诀窍

1. 纵向对比

纵向对比是指不同时间条件下同一总体指标的对比。这里主要指前面所提到的"客观数据分析",并结合"运营者主观分析",通过对自己所运营账号的数据进行挖掘,来充分认识账号的优缺点和用户需求,以寻求改进方案。

2. 横向对比

横向对比是指同一时间段不同总体指标的对比。一方面,包括同一时间段在不同的平台上发布相同的文章,分析其数据的差异,从而探寻各个平台的规则和不同;另一方面,也包括对同一平台不同账号的对比,特别是与自营账号同一领域的头部账号的对比。针对后者,可以从账号类型、预估粉丝数、涨粉模式、内容定位、主要特点、可借鉴选题、营利模式等角度进行分析。

(五)数据分析后的使用场景

1. 标题打磨

标题是吸引用户点击阅读的非常重要的条件,尤其是图文类的内容,特别考验标题的撰写。通过横向对比,可以非常清楚地了解到某一个平台的用户对标题的喜好程度,具有非常明显的平台特色,哪怕运营者在不同平台发表相同的内容,也要根据平台的特点选取不同的标题。但切记,选取标题时不能哗众取宠,不能为了博取眼球而沦为"标题党"。

2. 选题优化

选题是一个作品的灵魂,如果方向不对,再好的内容也无法受到用户的青睐。通过纵向对比,运营者可以了解用户群体对哪一方面的内容最感兴趣,如果热点时事类内容会使选题的阅读量和讨论量升高,那么就需要保持账号内容与热点的结合度,一般来说,新鲜、刺激、新奇的热点是大部分运营者的选择。但在"蹭热点"的同时,选题角度不能落入俗套,毕竟追热点的账号层出不穷,可以另辟蹊径,从更加新颖有趣的角度去解读热点,给用户耳目一新的感觉。另外,也要注意时效,否则我们的内容很容易被淹没在其他账号发布的内容里,这就需要运营者在平时建立自己的选题内容库,在日常的工作中分门别类地收藏好各种类别、各种观点的文字、图片和视频,在热点出现时,才能从容不迫并且快速地找准角度,出奇制胜。

3. 定位调整

运营者必须通过长期的纵向对比,通过逐渐调整选题,来慢慢建立理想的用户画像。

　　新媒体账号数据分析和运营其实并不难，只要掌握了方法，并加以熟练运用，人人都能成为分析专家，难就难在坚持。必须通过长期的数据监控，才能真正实现数据分析的价值，才能更好地进行数据运营工作。

参考文献

［1］陈楠华，李格华 . 短视频数据分析与视觉营销从入门到精通 108 招 [M]. 北京：清华大学出版社，2021.

［2］段王洁 . 我国社交型短视频 APP 的发展现状与策略研究 [D]. 湘潭：湘潭大学，2019.

［3］方国平 . Premiere Pro 影视后期编辑：短视频制作实战宝典 [M]. 北京：电子工业出版社，2021.

［4］郭剑岚，王超英，李斌 . After Effects 实训教程 [M]. 北京希望电子出版社，2021.

［5］侯德林 . 短视频运营与案例分析 [M]. 北京：人民邮电出版社，2021.

［6］贾翔翔 . 短视频平台的电商运营策略研究 [D]. 北京：北京邮电大学，2021.

［7］林亮景，佟玲 . 短视频创作 [M]. 北京：人民邮电出版社，2021.

［8］林新伟 . 短视频运营 [M]. 北京：电子工业出版社，2019.

［9］刘建新，陈梦琦 . 我国移动短视频内容生产的问题、影响及对策 [J]. 三峡大学学报（人文社会科学版），2022，44（01）：83–87.

［10］龙芳 . 纸媒短视频新闻热的反思 [D]. 长沙：湖南师范大学，2019.

［11］龙飞 . 剪映教程Ⅱ调色卡点＋字幕音乐＋片头片尾＋爆款模板 [M]. 北京：清华大学出版社，2021.

［12］卢明月，沈平 . 抖音短视频平台的竞争优势影响因素研究 [J]. 商业文化，2021（22）：24–25.

［13］马文娟，杜作阳 . 短视频运营实务 [M]. 北京：清华大学出版社，2020.

［14］亓怀亮 . 短视频创作与传播 [M]. 成都：西南交通大学出版社，2021.

［15］钱聪，院金谒 . 短视频领域的研究热点与展望 [J]. 传媒，2021（24）：26–29+31.

［16］司若，许婉钰，刘鸿彦. 短视频产业研究 [M]. 北京：中国传媒大学出版社，2018.

［17］宋永霞. 短视频趋势下数字化媒体的困境与发展 [J]. 数字技术与应用，2022，40（03）：69-71.

［18］王德壹. 专业导演教你拍好短视频 [M]. 哈尔滨：黑龙江美术出版社，2020.

［19］王昊宇. 浅谈短视频无技巧转场 [J]. 科技传播，2020，12（10）：157-158.

［20］王瑞麟. 商业短视频后期剪辑技巧干货 98 招 [M]. 北京：化学工业出版社，2021.

［21］吴悦文. 网络短视频用户的互动机制研究 [J]. 西部广播电视，2021，42（10）：32-34.

［22］殷铭. 影视后期特效的运用及发展研究 [J]. 戏剧之家，2022（14）：166-168.

［23］张舒涵，孔朝蓬，孔婧媛. 新媒体时代短视频信息传播影响力研究 [J]. 情报科学，2021，39（09）：59-66.